JN121631

組みひもの数理

新装版

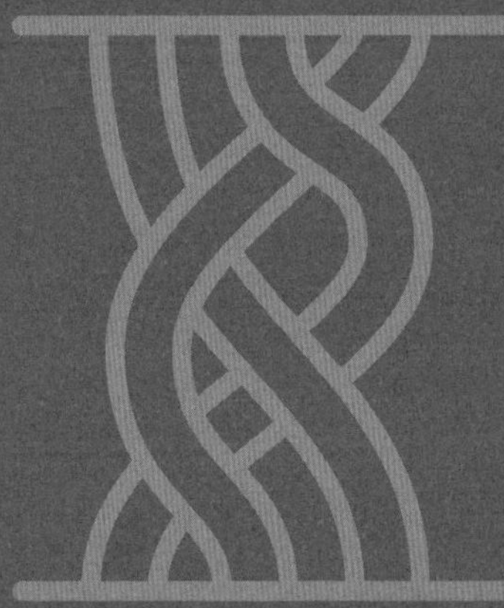

河野俊丈

Kohno Toshitake

日本評論社

まえがき

この数年，組みひも群という言葉を聞くことが多くなった．組みひも群は，1920年代にアルティンによって導入されたが，最近，位相幾何学のみならず，整数論から数理物理にいたるまでいろいろな分野で，組みひも群が基本的な構造として認識されるようになった．その大きな契機となったのは，1980年代半ばのジョーンズによる新しい結び目の不変量の発見である．

この本の目的は，ジョーンズの不変量をひとつの主題として，組みひもの理論を通してさまざまな数学をながめてみようというものである．読者としては，高校生から大学初年級を対象にしているが，他の書物とは異なった観点から扱っているテーマもあるので，組みひも群についてすでにご存じの方にも，ある程度楽しんでいただけると思っている．海外の研究所などに滞在していると，黒板や紙に書くことなく数学の話が進んでいくのを体験することがある．数式を使わず，言葉で概念を組み立てていくことがうまいのである．この本では，定理，証明を整然と並べていく数学書のスタイルはとっていない．しかしながら，証明なしで述べられている部分はほとんどなく，数学の本の形式に練り上げられていく一歩手前のアイデアをお見せしようというのが目的である．扱われている内容は，大部分がひもを絡ませたりベルトをねじったりして実験できる，いわばプリミティブな幾何学である．読者にとって新しい幾何学的体験となれば幸いである．

この本の内容の一部は，1992年夏におこなわれた，数学オリンピック財団主催の高校生向けのセミナーおよび，1992年度後期の，東京大学における1, 2年生を対象とした小人数講義でお話した内容に基づいている．熱心な聴衆の質問をもとに書きあらためた箇所も多い．このような機会を与えてくださった財団の方に，この場をかりてお礼申し上げたい．最後になってしまったが，この本の執筆をお勧めくださり，また，完成まで辛抱づよくご協力いただいた，遊星社の西原さんに感謝したい．

1993年3月

河野俊丈

新版への序文

本書の初版が刊行されてから 16 年が経過し，その間に組みひも群の研究においてもさまざまな新しい展開があった．このたび出版されることになった新版ではバシリエフ不変量についての解説を付録として追加した．また，いくつかの修正をおこなったほか，コラムを書き加え，新たに人名索引をもうけて原語表記などを記載して読者の便宜をはかった．

2009 年 9 月

河野俊丈

新装版のまえがき

最近の組みひもに関する研究の発展の重要な側面として，圏論との関わりが挙げられる．新装版の刊行にあたり，新たに付録として「組みひもと圏論」を加筆した．また，いくつかの修正と図の入れ替えをおこなった．組みひもの理論は，さまざまな分野と関連しつつ展開している．本書によって，その多様な広がりの一端にふれていただければ幸いである．今回は，新装版という形で，本書の新たな刊行の機会を設けてくださった日本評論社編集部の方々に感謝したい．

2021 年 11 月

河野俊丈

目次

第1話

アルティンの組みひも群

組みひもは，1920 年代に，アルティンによって，数学の対象として登場した．“組みひも”とは，図 1.1 に示すような，何本かのひもが編まれてできる図形である．今回は，この本の主役である組みひも群とは何かを説明しよう．

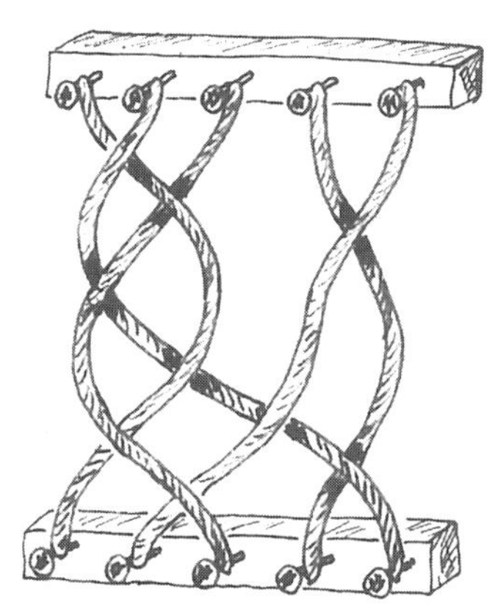

図 1.1

● 運動する点と組みひも

図 1.1 のように，上と下の板に同じ本数の釘を打ち，これらをひもでつないでみよう．できあがった図形が**組みひも**である．考える対象をもう少しはっきりさ

せるため，次のような考察をしてみよう．図 1.2 のような箱の上の面に，n 個の異なる点 $P_1, P_2, \cdots, P_n$ をとり，箱の下の面にも，これらの真下にあたる場所に $Q_1, Q_2, \cdots, Q_n$ をとる．時刻 0 において $P_1, P_2, \cdots, P_n$ を出発した点が，互いに衝突しないで動き回って時刻 1 に，それぞれ $Q_1, Q_2, \cdots, Q_n$ のいずれかに到達するとしよう．これらの点の通った道を描くと，上の点と下の点が，図 1.2 のように箱の内側を通る n 本のひもで結ばれる．このようにしてできる n 本のひもを組みひもとよぶことにする．

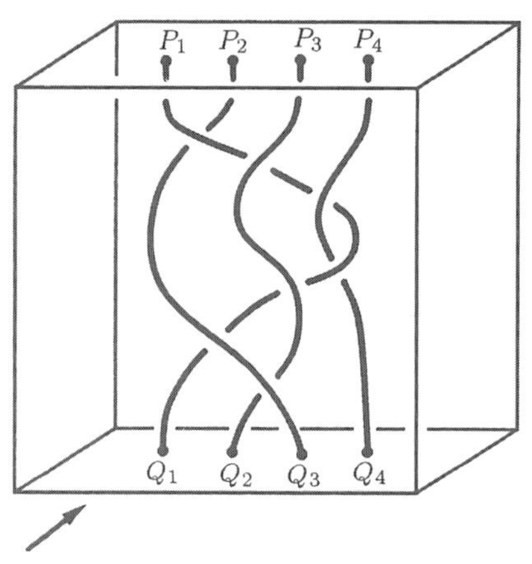

図 1.2

組みひもを表示するには，図 1.2 の矢印の方向に光をあてて，箱の面にうつる影を描いたと考えて，図 1.3 のように示すのが便利である．その際，どちらのひもが上側にあるのかがわかるように図示することにしよう．このようにして組みひもを構成すると，図 1.4 a のようにいったん下がったひもが再び上にもどったり，図 1.4 b のように 1 本のひもが結ばれたりすることはおきない．以後，このようにして作られる組みひものみを考えることにしよう．

● 組みひもの構成要素

組みひもを観察すると，いくつかの基本的な要素によって構成されていることがわかる．たとえば，図 1.3 を見てみよう．これは，図 1.5（4 ページ）の組みひ

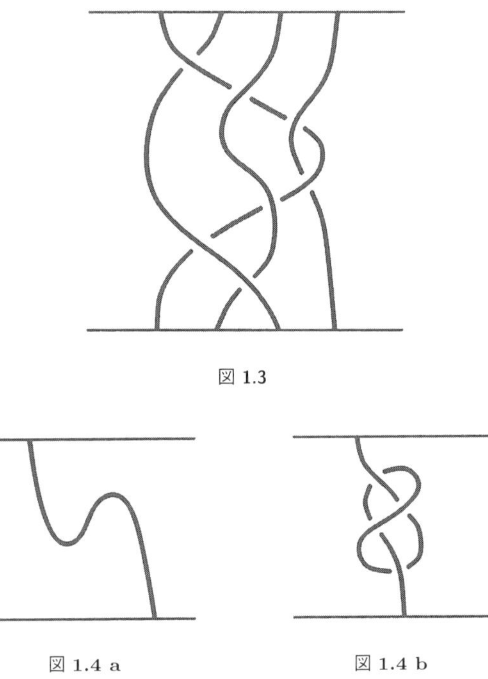

図 1.3

図 1.4 a　　図 1.4 b

もを上から順番につなぎあわせたものと考えることができる．図 1.5 に現れる組みひもは，それぞれ，となりあう 2 つの点が入れ替わる動きに対応している．このとき，2 つの点が左回転で入れ替わるか，右回転で入れ替わるかによって，図 1.6 のように 2 通りの場合が考えられる．図 1.6 で表される i 番目の点と $i+1$ 番目の点を入れ替えることに対応する 2 通りの組みひもを，それぞれ

$$\sigma_i, \quad \sigma_i^{-1}$$

という記号で表すことにする．たとえば，図 1.7 の組みひもについては，これを上から順番に読んで，積の記号を用いることにより

$$\sigma_1\sigma_2\sigma_1^{-1}\sigma_2$$

のように表す．

ひもを少し動かして，交差点の高さが互いに異なるようにとっておくことにしよう．このようにすると，3 本のひもからなる組みひもは，必ず

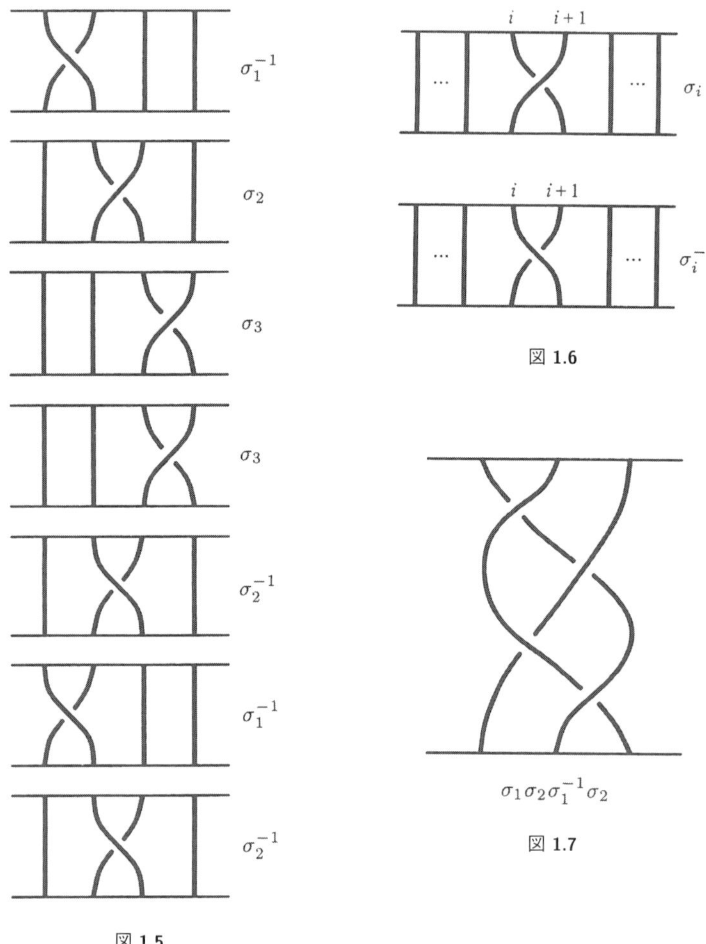

図 1.5

図 1.6

図 1.7

$$\sigma_1,\quad \sigma_2,\quad \sigma_1^{-1},\quad \sigma_2^{-1}$$

の 4 通りの組みひものいずれかを選んで，上から順につなぎあわせていくことにより構成できることがわかる．

一般に，n 本のひもからなる組みひもを考えると，これは組みひも

$$\sigma_1,\quad \sigma_2,\quad \cdots,\quad \sigma_{n-1}$$
$$\sigma_1^{-1},\quad \sigma_2^{-1},\quad \cdots,\quad \sigma_{n-1}^{-1}$$

をつなぎあわせて構成できる．

● 組みひも関係式

上でひもを少し動かす操作をおこなったが，箱の上面の n 個の点 $P_1, P_2, \cdots, P_n$ と下面の n 個の点 $Q_1, Q_2, \cdots, Q_n$ は固定したまま，箱の中でひもを動かすことによってうつりあえるような組みひもは，同じとみなすことにする．

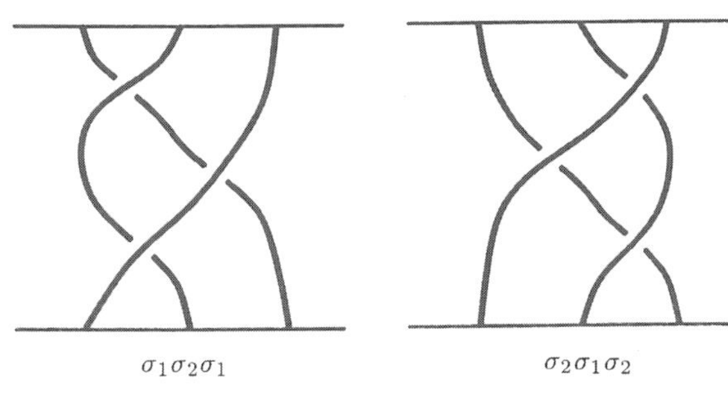

図 1.8

図 1.8 にある 2 つの組みひもは，2 本目のひもを動かすことによってうつりあえるので，上の意味で同じ組みひもとみなす．これを表示すると

$$\sigma_1\sigma_2\sigma_1 = \sigma_2\sigma_1\sigma_2$$

となる．この $aba = bab$ というタイプの関係式が，以後重要な役割を果たす．4 本のひもからなる組みひもの場合，図 1.9 の 2 つの組みひもも同じと考えられる．これを式で表すと

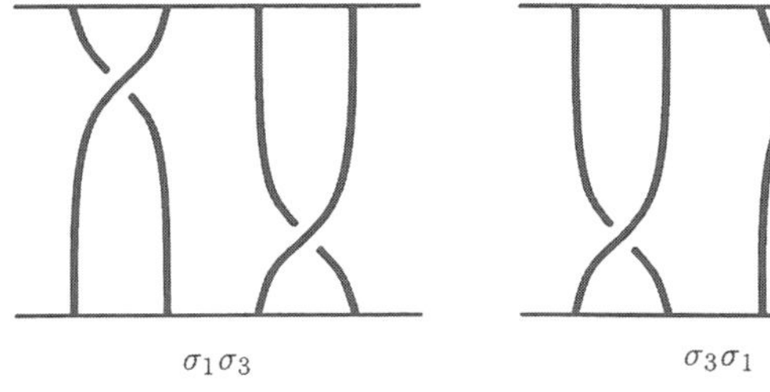

図 1.9

$$\sigma_1\sigma_3 = \sigma_3\sigma_1$$

となる．

このようにして，一般に n 本のひもからなる組みひもについて次の2通りのタイプの関係式が得られる．

$$\boxed{\begin{aligned}&\sigma_i\sigma_{i+1}\sigma_i = \sigma_{i+1}\sigma_i\sigma_{i+1}, \quad i = 1, 2, \cdots, n-2\\ &\sigma_i\sigma_j = \sigma_j\sigma_i, \quad |i-j| > 1\end{aligned}} \tag{1.10}$$

これらを，**組みひも関係式**とよぶ．

● 組みひも群の積構造

組みひもを基本的な構成要素の積で表すことを上で述べた．一般に2つの組みひも x, y について，その合成を図1.11に示すようにこれらをつなぎあわせることにより定める．できあがった組みひもを，積の記号を用いて

$$xy$$

と表すことにしよう．組みひもをつなぎあわせるとき，積 xy のはじめの方の x が上にくるようにする．組みひもをそのままつなぎあわせると，長さが2倍になってしまうので，図1.11のように押し縮めて考えることにする．このようにして，同じ本数のひもからなる組みひもどうしの積が定まる．

図1.12のような，まっすぐなひもからなる組みひもを考え，これを記号 e で表す．これと同じ本数からなるどのような組みひも x に対しても，積 xe, ex は，組みひもとして x と同じである．これを

$$xe = ex = x$$

と表す．このような性質を満たす e は**単位元**とよばれる．

この組みひもどうしの積は，**結合法則**

$$(xy)z = x(yz)$$

を満たしている．これは，図1.13（8ページ）のように組みひもの合成から生じる長さの違いを修正して理解される．

すでに説明したように，ひもの本数が n の組みひもは，図1.6の

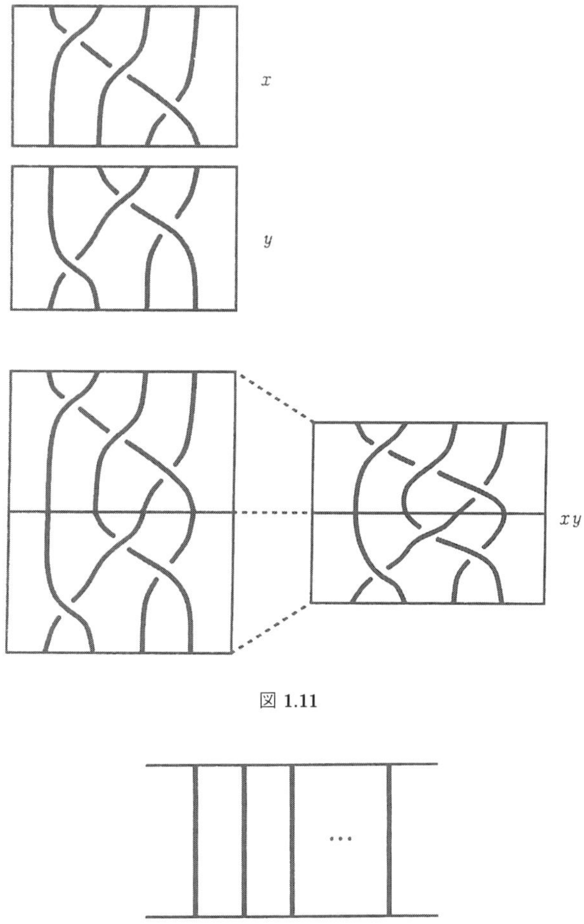

図 **1.11**

図 **1.12**　自明な組みひも（組みひも群の単位元）

$$\sigma_1,\ \sigma_2,\ \cdots,\ \sigma_{n-1}$$
$$\sigma_1^{-1},\ \sigma_2^{-1},\ \cdots,\ \sigma_{n-1}^{-1}$$

を用いて，これらの積で表すことができる．たとえば，図 1.7 に示した組みひも x は

$$x = \sigma_1\sigma_2\sigma_1^{-1}\sigma_2$$

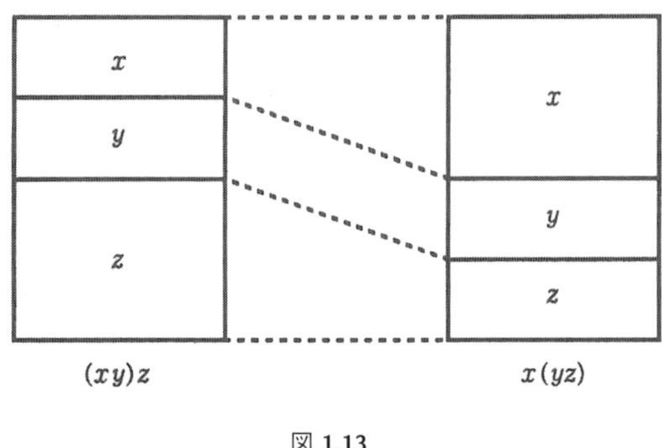

図 1.13

と表すことができるのであった．この x について，

$$xy = e$$

を満たす y を求めるには，どのようにすればよいだろうか．組みひも x を後ろから読んで，それぞれ交差の上下を逆にしたものを並べて，

$$y = \sigma_2^{-1}\sigma_1\sigma_2^{-1}\sigma_1^{-1}$$

とおこう．積 xy を考えると図 1.14 に示すように，ひもを動かして真ん中の方から打ち消しあうことができて，これは単位元 e と同じ組みひもになる．この組みひも y は，

$$xy = yx = e$$

を満たしていて，x の**逆元**とよばれる．ある組みひも x からその逆元を構成するには，上の例で示したように，まず x を基本的な組みひも（図 1.6）の積で表し，これを後ろから順に並べて，さらに交差の上下を逆にすればよい．

まとめると，n 本の組みひもどうしには，ひもをつなぎあわせることによって，積が定まり，この積に関する単位元 e は絡みのないまっすぐなひもである．また，この積は結合法則を満たし，さらに，どのような組みひも x についても，その逆元がある．このように，結合法則を満たす演算が定まっていて，単位元があり，どのような要素も逆元をもつような集合は，**群**とよばれる．たとえば，整数全体は，和について群になっている．ひもの本数が n 本の組みひも全体は，この意味で群となり，**組みひも群**（ブレイド群）とよばれる．これを，記号 B_n で表

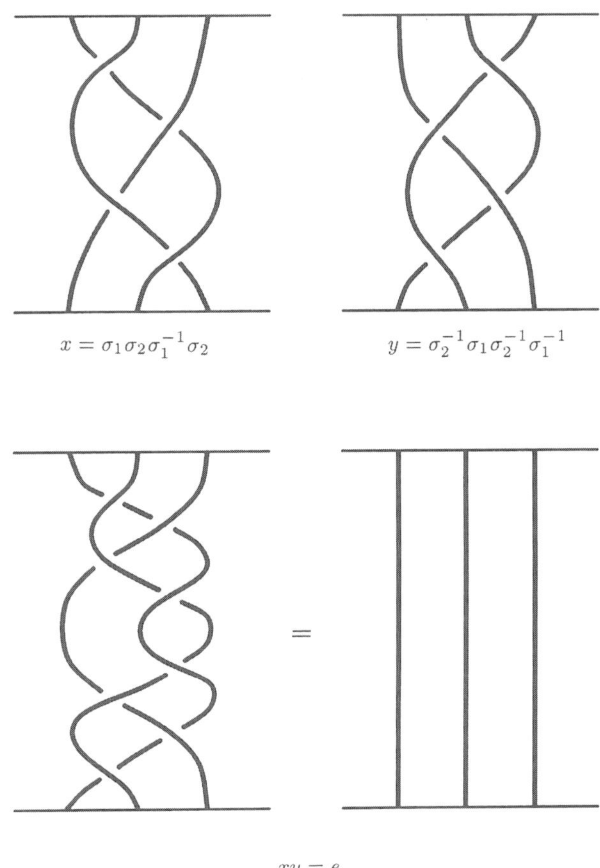

図 1.14

すこともある．

ひもの本数が 2 本の場合を考えてみよう．この場合，組みひもは図 1.15 に示したようなもので，2 本のひもを左向きにねじったり，右向きにねじったりして構成される．図 1.15 a の組みひもは，図 1.15 b の組みひもと同じである．詳しくは第 6 話でもう一度述べるが，2 本の組みひもの場合は，組みひもを σ_1, σ_1^{-1} の積で書いたとき，σ_1, σ_1^{-1} の現れる個数をそれぞれ p, q とすると，$p-q$ で完全に決まってしまう．つまり，2 本の組みひもはある整数 m を用いて，

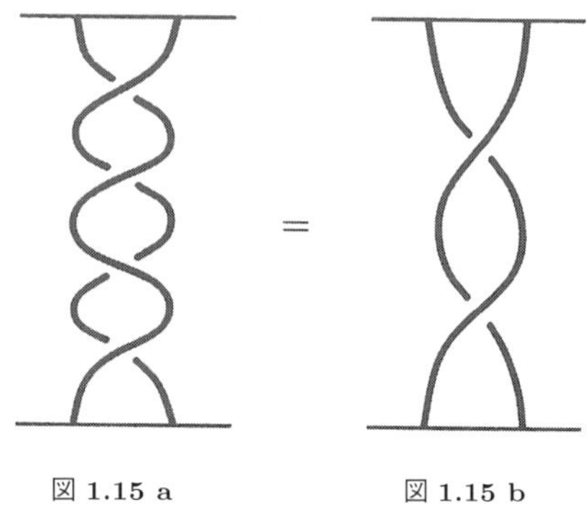

図 **1.15 a**　　図 **1.15 b**

$$\sigma_1^m$$

という形で表すことができる．さらに，

$$\sigma_1^l\sigma_1^m = \sigma_1^{l+m}$$

となるので，2 本のひもの場合には，組みひも群の構造は整数全体と同じである．

ひもの本数が 3 本になると，状況は複雑になる．2 本の場合と異なり，組みひもの積 xy と yx は必ずしも同じ組みひもではない．このように，積の順序によって異なった要素が得られるような群は，非可換群とよばれる．3 本以上のひもからなる組みひも群は，この意味で非可換群である．

● 組みひもとアミダくじ

組みひもの図式に図 1.16 a のように番号をつけてみよう．上の数字から出発してひもをたどっていくと，下のどの数字に到達するかを観察してみよう．

ひもの本数を n 本とすると，これによって n 個の文字

$$\{1, 2, \cdots, n\}$$

の入れ替えが得られる．これは，図 1.16 b のようにアミダくじの図式をたどっていくのと同じである．組みひもの図式とアミダくじの図式の根本的な違いは，組みひもではひもの上下関係を問題にしているのに対して，アミダくじの方では上下関係は考えていないという点である．文字 $\{1, 2, \cdots, n\}$ の入れ替え全体は，$n!$ 個の要素からなり，入れ替えの合成に関して群の構造をもつ．この群は，n 次

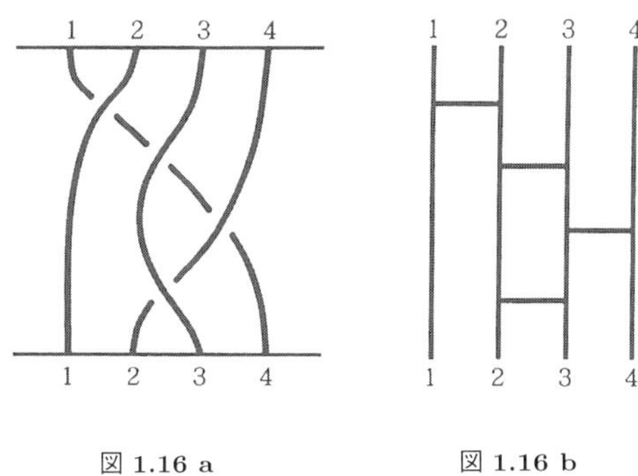

図 **1.16 a**　　図 **1.16 b**

対称群とよばれ，S_n と表される．組みひもが n 個の文字をどのように入れ替えるかを見ると，写像

$$B_n \longrightarrow S_n$$

が構成される．

第2話

リンクダイアグラムとライデマイスター移動

この本のもうひとつの主役である結び目とリンクを登場させよう．結び目を図示する方法を説明し，**2** つの結び目が同じとはどのようなことかを考える．

● 結び目とリンク

図 2.1 a はいくつかの**結び目**の例である．この本では，結び目というときは図 2.1 b のようにひもの両端を閉じて 3 次元空間内の閉曲線を考えることにする．閉曲線は自分自身と交わったりすることはないと仮定しよう．

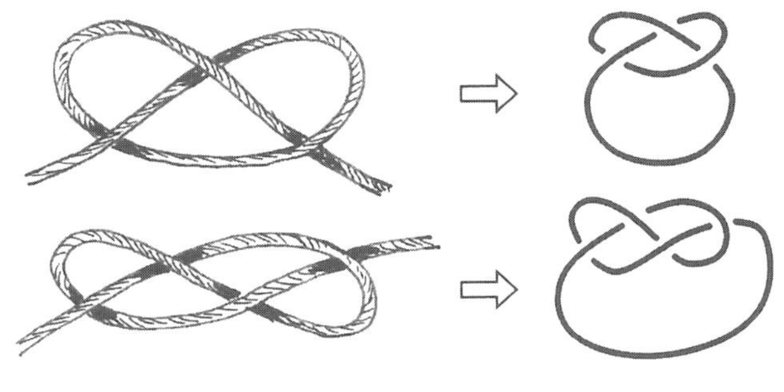

図 **2.1 a**　　図 **2.1 b**

このような結び目の例を図示したのが図 2.2 である．図 2.2 a の結び目は，三

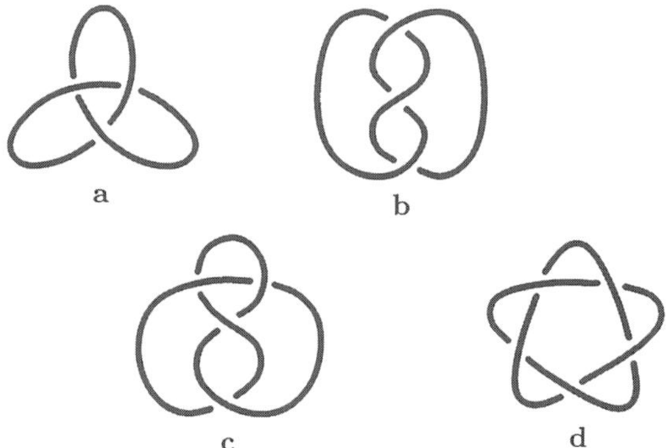

図 2.2　図 a,b はともに三葉結び目（トレフォイル）の異なった表示．図 c は 8 の字結び目とよばれる．

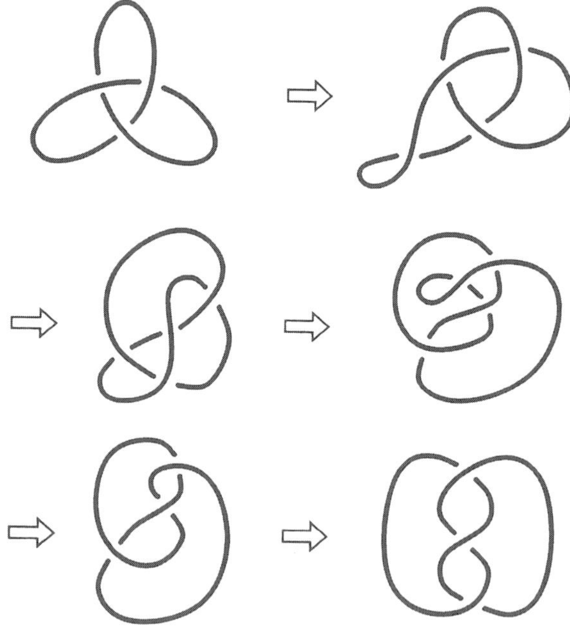

図 2.3

葉結び目とよばれている．bの図は，見かけは三葉結び目とは異なるが，図 2.3 のように 3 次元空間の中でひもを動かして三葉結び目の図から得ることができる．このように，3 次元空間の中で自分自身と交わることなくひもを連続的に動かしてうつりあえる結び目は，同じ結び目とみなすことにする．

図 2.4 a のように，三葉結び目の交差の上下を 1 か所変えた図を考えると，これは上の意味で図 2.4 b の円周と同じとみなせる．このように，ひもを動かすことによって，円周と同じになってしまう結び目，つまりほどけてしまう結び目は，**自明な結び目**とよばれる．

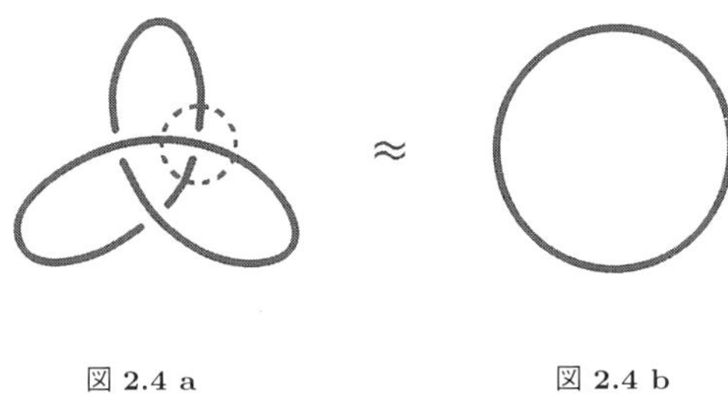

図 2.4 a　　**図 2.4 b**

図 2.5 のように，いくつかの結び目が互いに交わることなく絡みあっているものを，**リンク**とよぶ．リンクについても，結び目と同様，ひもを連続的に動かしてうつりあえるものは，同じリンクとみなすことにする．もちろん，結び目はリンクの特別な場合と考える．

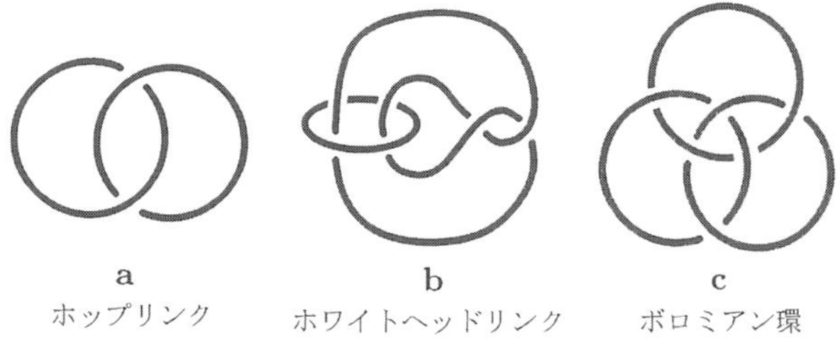

a ホップリンク　**b** ホワイトヘッドリンク　**c** ボロミアン環

図 2.5　ホップリンク，ホワイトヘッドリンクは数学者 Hopf, Whitehead に因む呼び名である．ボロミアン環は北イタリアの Borromeo 家の紋章として用いられていたもので，ボロメオ三家の関係を示すと言われている．どの 2 つも絡まっていないが，3 つ合わせるとはずすことができない．

● リンクダイアグラム

リンクを図示する際，いままでもおこなってきたように，図 2.6 のように光をあてて，2 次元平面にうつった影を描く．そのままではひもの上下の関係がわからなくなってしまうので，図 2.5 のように描くことにする．また，交差点での様子は図 2.6 に示したようなパターンのみで，ひもを少し動かして図 2.7 のように 3 本が 1 点で交わったり，2 本が接したりすることはないようにしよう．

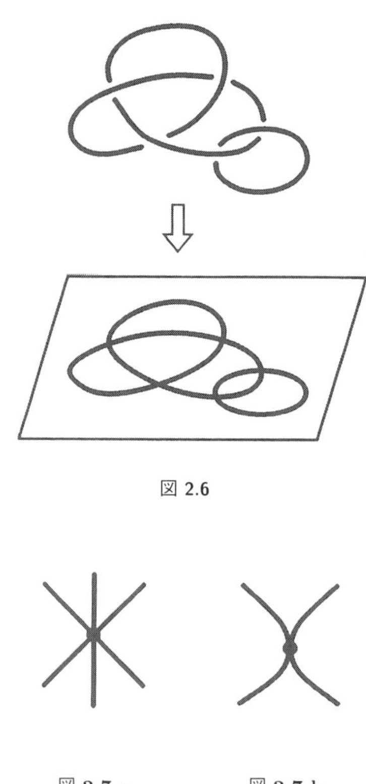

図 2.6

図 2.7 a　　図 2.7 b

このようにして得られた図を**リンクダイアグラム**とよぶ．図 2.3 でもみたように，同じリンクでも見かけ上異なったリンクダイアグラムで表されることがある．どのようなリンクダイアグラムが同じリンクを表すのだろうか．このような問題を考えるため，リンクが同じであるという概念をもう少し別の観点から考えてみることにしよう.

● 折れ線からなるリンク

図 2.8 のように，リンクの上にいくつかの点をとり，これらの点の間を線分で結んで，折れ線からなるリンクを考えることにしよう．このように，リンクを折れ線で近似しても，もとのリンクと上の意味で同じリンクが得られる．2 つのリンクが同じであるという概念を，折れ線からなるリンクについて，もう一度考え直すことにしよう.

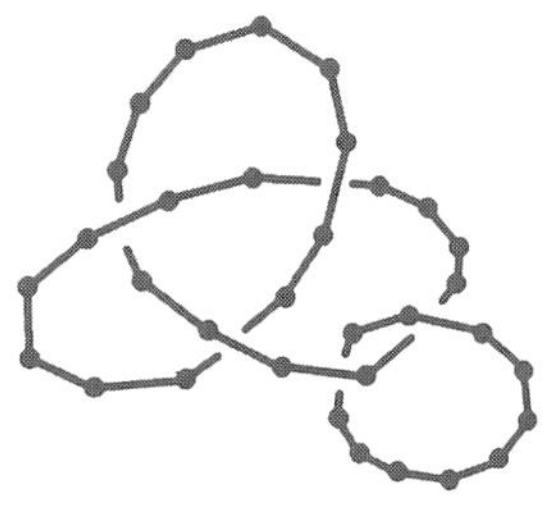

図 2.8

まず折れ線リンクについて次の操作を考える．折れ線の一辺に，図 2.9 のように，3 角形をこの一辺のみをリンクと共有するようにくっつけて，もとのリンクを図 2.10 に示したように取り替える.

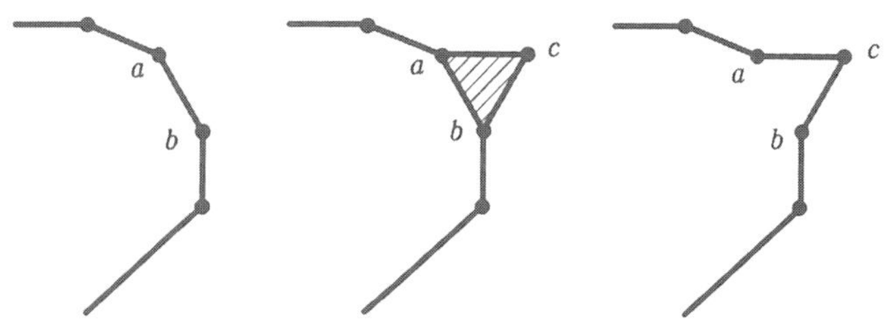

図 2.9

このような操作，およびその逆，つまり図 2.9 の辺 acb を辺 ab で置き換える操作を，折れ線リンクに対する**基本移動**とよぶことにする．そして，このような基本移動を何回かくりかえしおこなうことによってうつりあえるものを，同じ

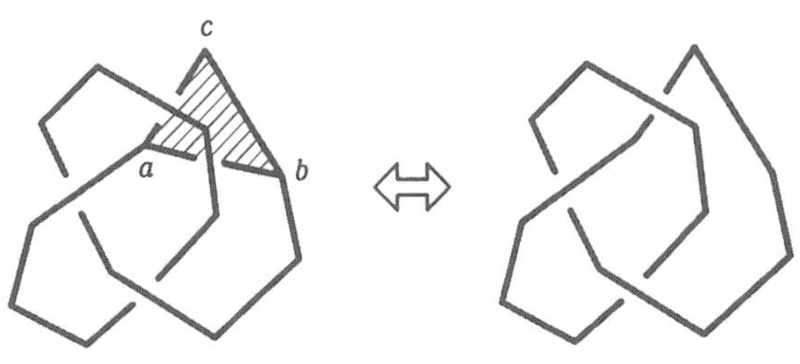

図 2.10

折れ線リンクと考えることにする．はじめのひもを連続的に動かすというアナログ的な考え方に対し，こちらの方ではリンクの形がとびとびに変化していく．図 2.11 で示したように，基本移動には，点の数を増やして，折れ線を細かくしていく操作も含まれていることに注意しよう．

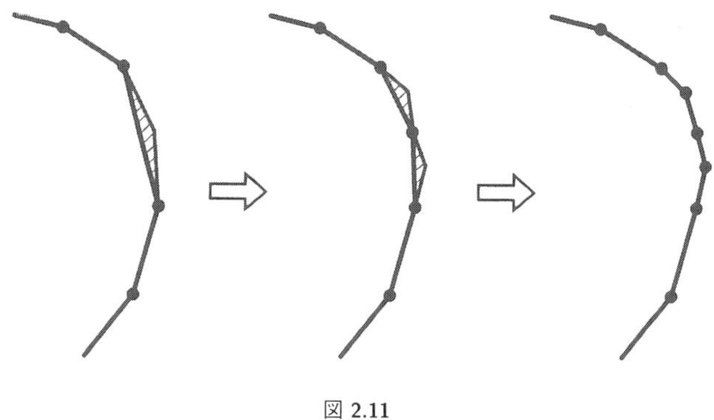

図 2.11

● ライデマイスター移動

上で述べた基本移動をもう少し詳しく分析してみよう．基本移動に現れる 3 角形と折れ線リンクの辺の位置関係をリンクダイアグラムで見ると，図 2.12 に示すような場合が考えられる．実際には，3 角形との位置関係には図 2.13 のような場合もありうるが，基本移動によって辺は十分細かくできることを考えると，図 2.12 の 3 通りの場合のくりかえしで得られることがわかる．この 3 通りの基本移動を**ライデマイスター移動**とよぶ．それぞれライデマイスター移動 I，II，III

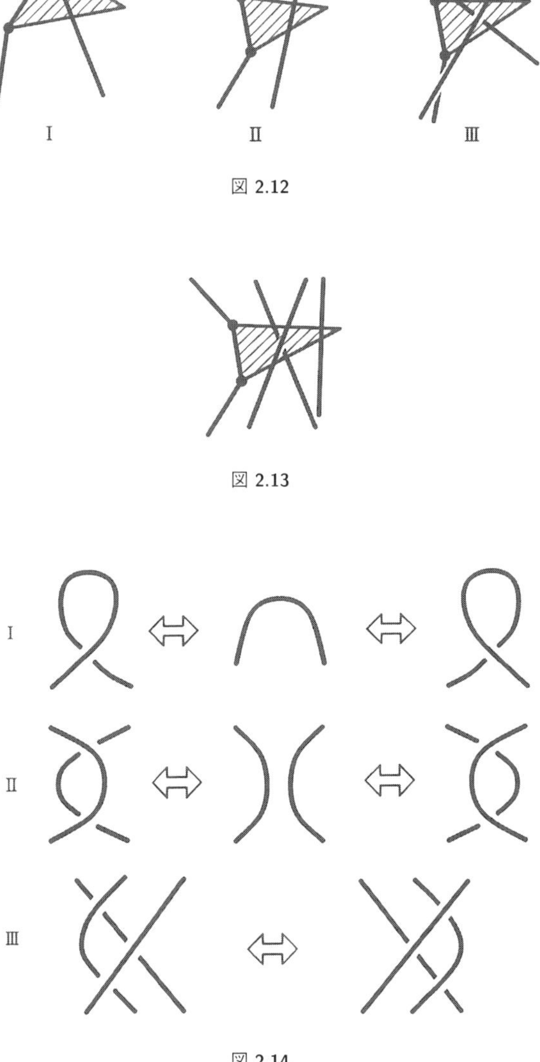

図 2.12

図 2.13

図 2.14

とよばれていて，見やすくするために，かどをまるめたリンクダイアグラムで表示すると図 2.14 のようになる．

この議論をまとめると次のように述べることができる．

> 2 つのリンクが同じであることは，そのリンクダイグラムが図 2.14 に示したライデマイスター移動とよばれる 3 つの操作をくりかえし施すことによって得られることであると言い替えることができる．

図 2.3 は，ライデマイスター移動のくりかえしによってうつりあう 2 つのリンクダイアグラムを示したものであった．このように，ライデマイスター移動は，リンクダイアグラムの一部のみについておこなわれる局所的な変形である．

● 円周の埋め込みとしての結び目

この本を読むにあたっては，リンクは図 2.8 のように折れ線でできていると考えておけば十分である．図示するときは，上でおこなったように，かどをまるめて，図 2.5 のように描くことも多い．結び目をなめらかな写像とみる別の観点についても少しふれておこう．平面の単位円を S^1 と表そう．単位円 S^1 から 3 次元空間への写像を考えると閉じた曲線ができる．結び目を考えるときは，曲線は自分自身とは交わらないとしたので，単位円の相異なる点は 3 次元空間の相異なる点にうつされるような写像を考えよう．単位円の点を角度 θ で表すと，この写像の x, y, z 成分を考えることにより，3 つの関数

$$f_1(\theta),\ f_2(\theta),\ f_3(\theta)$$

ができる．これらは θ について微分できると仮定しよう．角度 $\theta = a$ において，ベクトル

$$(f_1'(a), f_2'(a), f_3'(a))$$

は，図 2.15 のように曲線に接するベクトルとなる．角度 θ を時間とみてこの曲線を点の運動の軌跡と考えると，このベクトルは**速度ベクトル**である．上のような写像は，速度ベクトルがけっして $\mathbf{0}$ にはならないとき**埋め込み**とよばれる．結び目は，単位円の 3 次元空間への埋め込みと考えることもできる．リンクは，いくつかの単位円の埋め込みと考えられる．

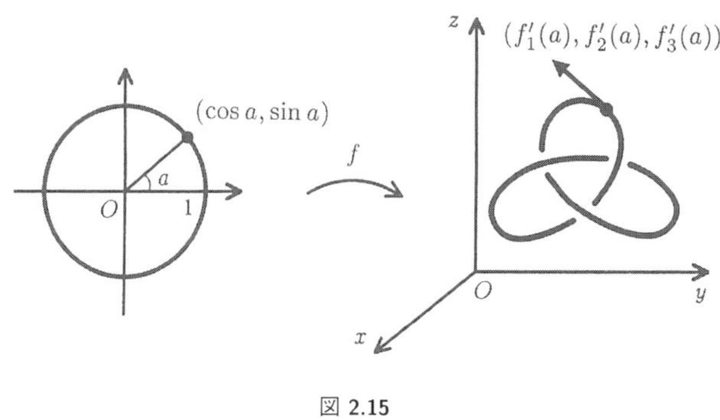

図 2.15

速度ベクトルが $\mathbf{0}$ になるのはどのような状況であろうか．曲線が，$\theta = 0$ のまわりで，3 つの関数

$$(\theta^3, \theta^2, 0)$$

で表されているとしよう．速度ベクトルは

$$(3\theta^2, 2\theta, 0)$$

となり，$\theta = 0$ のとき $\mathbf{0}$ である．この様子を $\theta = 0$ に対応する点のまわりで図示すると図 2.16 のようになる．このような点は，**特異点**とよばれる．

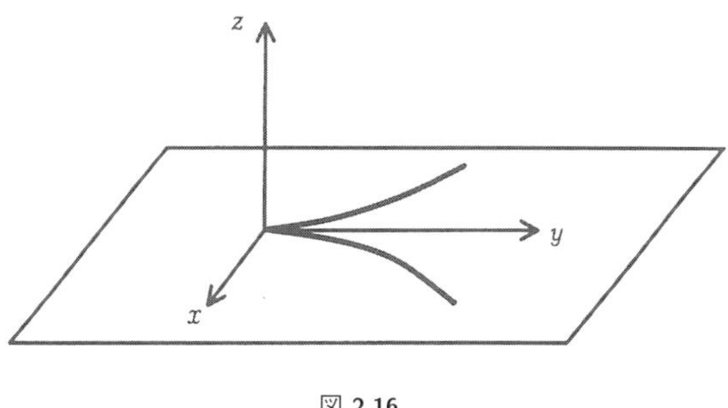

図 2.16

リンクダイアグラムの方を見てみよう．単位円から平面への写像

$$(g_1(\theta), g_2(\theta))$$

で微分可能なものを考えればよいであろう．ただし，今度は，上の場合とは違って，単位円の異なる点が同じ点にうつされることがおきうる．ただし，図 2.7 a のように 3 つ以上の点が同じ点にうつされたり，あるいは，図 2.7 b のように 2

本が接したりすることはないとしよう．結び目のダイアグラムは，このような条件を満たす単位円から平面への写像と考えることができる．

このような立場でライデマイスター移動を見直してみよう．ライデマイスター移動をアナログ的にダイアグラムの変形とみようとすると，ライデマイスター移動 II, III では途中で上の条件に反する状況を通過することになる．これを示したのが図 2.17 である．

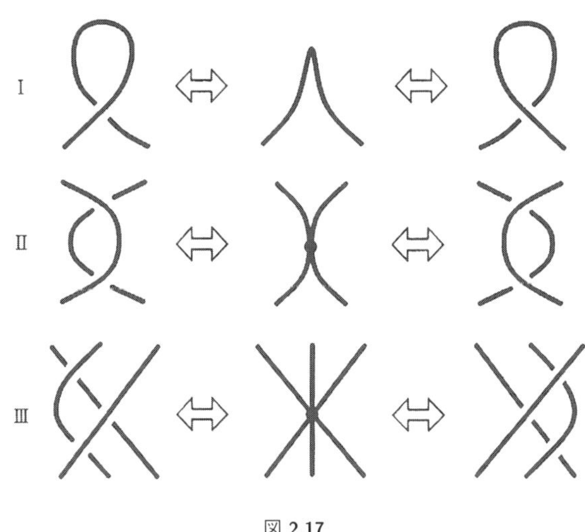

図 2.17

たとえばライデマイスター移動 III では，変形の途中で 3 重点が現れる．ライデマイスター移動 II では，互いに接する曲線が現れる．また，ライデマイスター移動 I では，図 2.16 で見た形の特異点が出現する．つまり，ライデマイスター移動は，上で要請したようなリンクダイアグラムの満たす条件に反するような状況をどのように通過するかを，分析したものであると考えることもできる．

● 向きのついたリンク，絡み数

図 2.18 のように，リンクを構成するそれぞれの結び目に矢印をつけたものを，**向きのついたリンク**とよぶ．向きのついたリンクについても，それらが同じであることは，ライデマイスター移動によってとらえることができる．ただし，今度は図 2.19 のように可能な矢印のつけ方について，すべて考える必要がある．

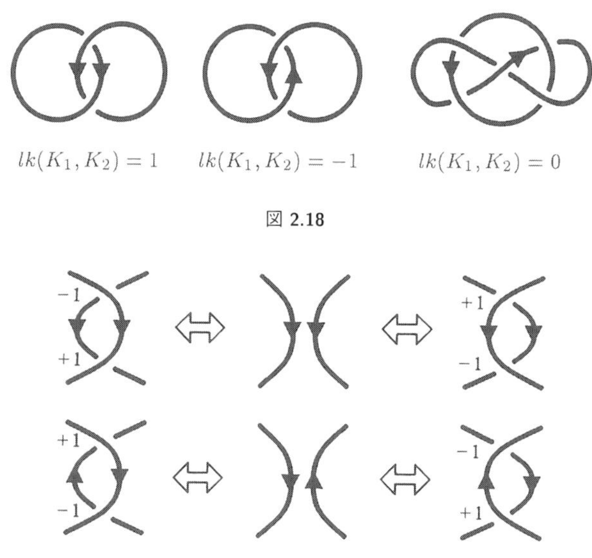

図 2.18

図 2.19

2 つの結び目 K_1, K_2 からなるリンクを考えよう．結び目 K_1, K_2 の交差点については，リンクダイアグラムで見ると図 2.20 のようなパターンがありうる．左側の方を**正の交差点**，右側の方を**負の交差点**とよぶことにしよう．正の交差点の個数から負の交差点の個数を引いたものの半分を**絡み数**とよび，

$$lk(K_1, K_2)$$

で表す．交差点は，K_1 と K_2 の交わりのみを考え，K_1 どうしあるいは，K_2 どうしの交わりは数えていないことに注意しよう．図 2.18 に，絡み数の計算例をいくつか示した．交差点の数は全部で偶数個あるので，絡み数は必ず整数になることに注意しよう．絡み数は，電磁気学で，K_1 に電流が流れているとき，K_2 に

図 2.20

沿って磁価を移動させる際の仕事を計算するときにも登場する.

さて, 絡み数は上のようにして向きのついたリンクダイアグラムに対して計算されるが, これはライデマイスター移動で不変であることが次のように示される. まず, ライデマイスター移動 I については, K_1 と K_2 の交差は現れないので問題にならない. ライデマイスター移動 II については, 図 2.19 のような場合が考えられるが, それぞれ, 交差の符号が反対になって打ち消しあう. また, ライデマイスター移動 III については, 図 2.21 で点 p が同じ結び目どうしの交差ならば, 点 q もそうで, また, K_1 と K_2 の交差点になっているときは, ともに同じ符号の交差点であることから確かめられる. このようにして, 絡み数は, ライデマイスター移動で不変であることが証明された. これは, 絡み数がリンクダイアグラムによる見かけ上の違いにはよらないリンク固有の量であることを示している. 絡み数は, 向きのついたリンクの最も基本的な**不変量**である.

図 2.21

● 結び目の合成, 結び目の表

図 2.22 のように, 2 つの結び目をつなぎあわせることにより, 新しい結び目を作ることができる. このような操作を結び目の**合成**とよぶ.

逆の操作が, 結び目の**分解**である. 結び目を分解したとき, 一方の結び目が必ず自明な結び目になるとき, これを**素な結び目**とよぶ. 結び目のダイアグラムのうち, 交差点の個数が最も少なくなるものを考え, その交差点の数を**最小交点数**とよぶ. 表 2.23 (26, 27 ページ) は, 最小交点数が 8 までの素な結び目の表である. 第 4 話で説明するように, 結び目について, それを鏡にうつした像を考えると, 結び目によってもとと同じになる場合と異なる場合がある. 表では, そのどちらか一方のみが示されている. 最小交点数が 10 までの素な結び目の表が, 文献 [2], [7] に載っている.

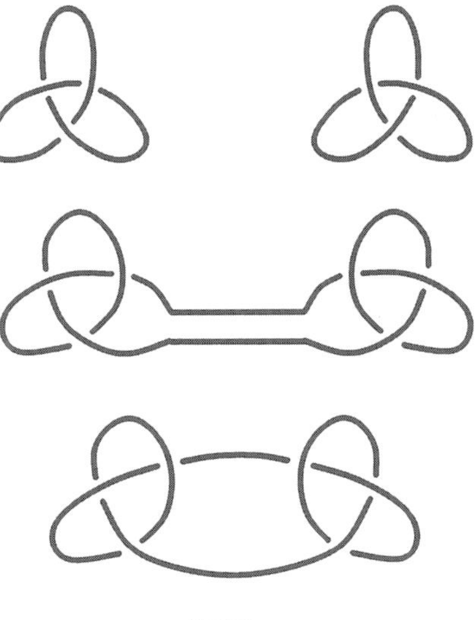

図 2.22

表 **2.23** 最小交点数 8 までの結び目の表

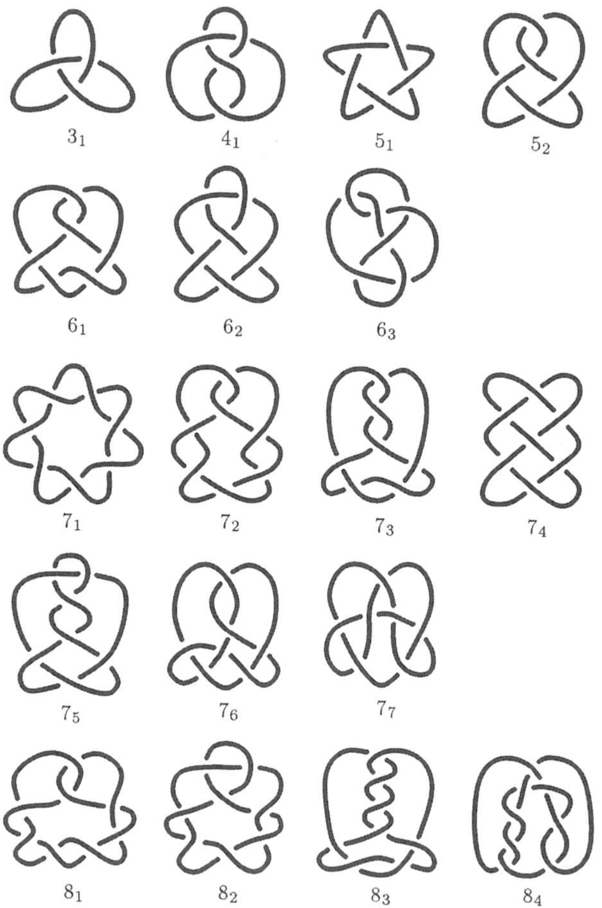

表 **2.23**　最小交点数 8 までの結び目の表（つづき）

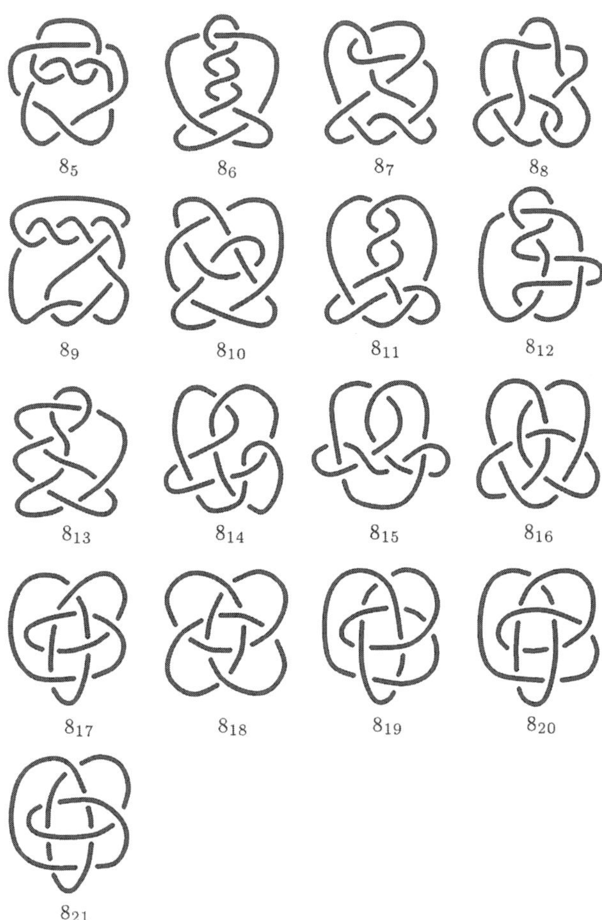

第3話

組みひもとリンク
アレクサンダーの定理

アルティンによる組みひもの研究のひとつの動機は，組みひも群の構造をリンクを調べることに応用することであった．組みひもとリンクの関係を明らかにするアレクサンダーの定理について説明しよう．

● 組みひもからリンクを作る

組みひもとリンクの関係について調べることが今回のテーマである．まず，図3.1のような組みひも b から出発する．図3.2のように組みひも b の両端を閉じ

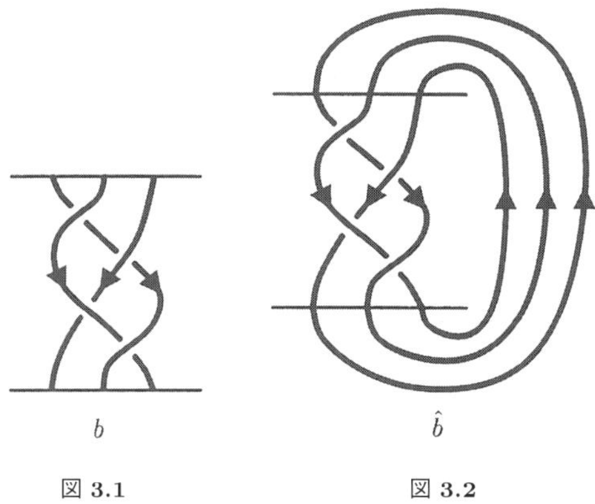

図3.1　図3.2

るとリンクを作ることができる．このリンクを $\hat{b}$ と表すことにしよう．このようにして組みひもが与えられると，その両端を閉じるという操作によってリンクを作ることができる．リンク $\hat{b}$ には，組みひも b に下向きの矢印をつけることにより，向きを与えることができる．組みひもから出発して，向きのついたリンクを構成することができたが，逆はどうだろうか．つまり，向きのついたリンク L が与えられたとき，両端を閉じると L となるような組みひも b があるかどうかを考えよう．この問題は，実はアレクサンダーによって 1920 年代に解かれていて，どのような，向きのついたリンク L についても，$\hat{b} = L$ となる組みひも b があることが知られている．このことは，リンクの研究に組みひも群を有効に用いることができることを期待させる．ここでは，リンクに対して，組みひもをどのように構成すればよいかを説明しよう．ここで紹介するザイフェルトサークルを使った構成法は，山田修司氏によるものである．

● 結び目から組みひもへ

まず，いくつかの例によって問題を整理してみよう．図 3.3 の結び目を見てみよう．これらは，いずれも点 O を中心にして見ると，左回転の曲線からなっている．したがって，O を通る図のような半直線で切り開くと組みひもが得られる．つまり，もとの結び目は，組みひもの両端を閉じたものとして表すことができる．

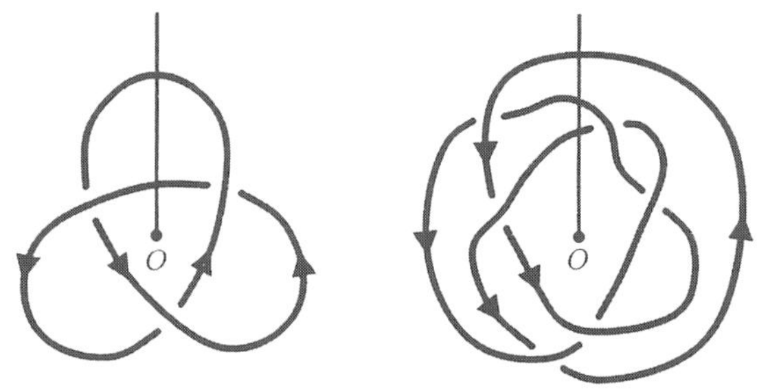

図 3.3

次に図 3.4 の 8 の字結び目の場合を考えてみよう．基点として図のように点 O をとる．先ほどの場合と違って，点 O を基準にして見ると，曲線は左回転の方向に進んだり，右回転の方向に進んだりしていて，回転方向が一定ではない．し

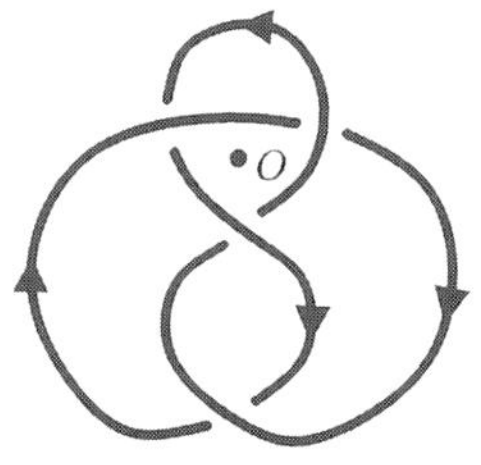

図 3.4

たがって，このままでは O を通るどのような半直線で切り開いても，組みひもで表すことはできない．そこで，ひもを動かして回転方向をそろえることを考えよう．図 3.5 で 2 つのステップに分けて，8 の字結び目を左回転の曲線に変形する過程を示した．はじめのステップでは，図の a の部分をひっぱって基点の上を通して a' の位置まで移動させた．また，次のステップでは，図の b の部分を基点の下をくぐらせて b' の位置まで移動させてある．得られたダイアグラムを図の半直線で切り開くと，組みひもで表される．組みひもの言葉では，

$$\sigma_1\sigma_2^{-1}\sigma_1\sigma_2^{-1}$$

となる．この過程を観察すると，与えられたリンクを組みひもで表すには，ひも

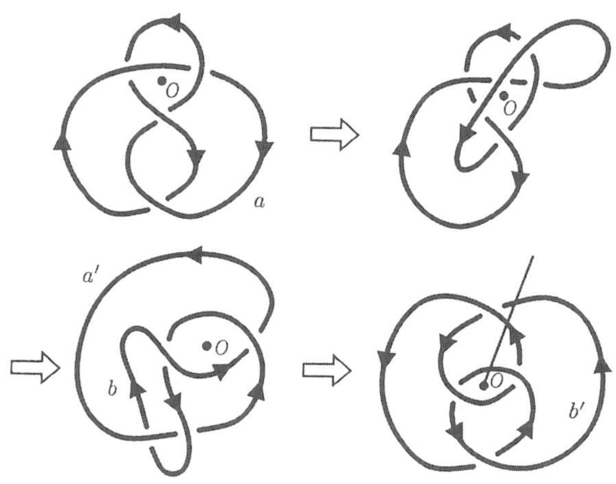

図 3.5

をうまく移動して，ある基点についての回転方向を一定にすればよいことがわかる．

● ザイフェルトサークル

構成のキーポイントとなる**ザイフェルトサークル**について解説しよう．向きのついたリンク L のダイアグラムを考えよう．交差点でダイアグラムを図 3.6 の規則に従って修正していく．このとき，矢印の向きの決め方にも注意しよう．このような修正をすべての交差点でおこなって得られるのが，たとえば図 3.7 である．結果は，平面上のお互いに交わらない有限個の閉じた曲線になる．これらの曲線には，上の規則に従って矢印がつけられている．このようにして向きのついたリンクのダイアグラムから構成される曲線をザイフェルトサークルとよぶ．

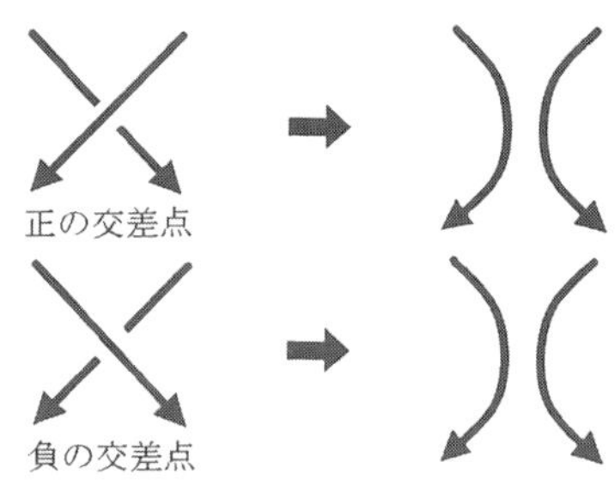

図 3.6

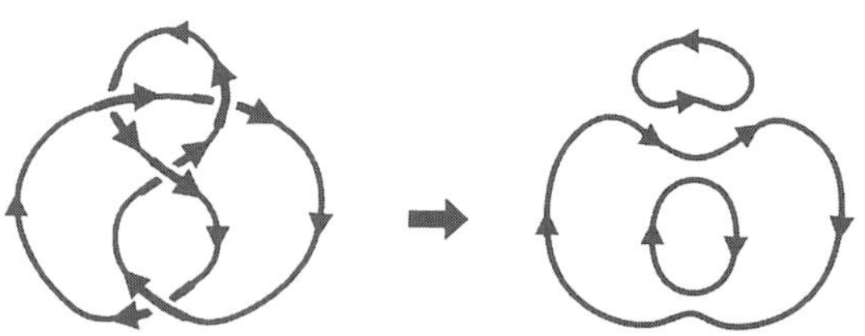

図 3.7

ザイフェルトサークルに対して，図 3.8 のようにリンクの交差点に対応する部分に線分を書き加えよう．さらに，この線分に交差が正か負かに応じて，+ か − かの符号をつける．この図式をザイフェルトダイアグラムとよぶことにしよう．

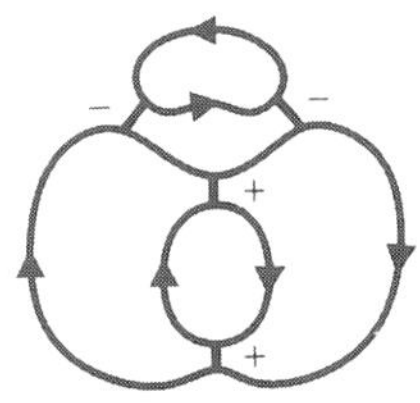

図 3.8

ザイフェルトダイアグラムを用いると初めのリンクを再現することができる．次のような工作をしてみよう．まず，表と裏の色が異なる紙を用意する．ここでは，表面が白，裏面が黒としておこう．この紙からザイフェルトサークルと同じ大きさの円板を切り取っていく．これらを，図 3.9 のように，外側のザイフェルトサークルが下側にくるように重ねていく．このとき，ザイフェルトサークルについている矢印が，左回りであれば円板は白の面が上にくるように，また，右回りであれば黒の面が上にくるようにおくと約束しよう．次に，図 3.8 の線分に対応して細長い長方形の紙（バンド）を，いま用意した円板にはりつけていく．このとき，線分についた符号が，＋か − かに応じて，図 3.9 のようにねじってはりつけることにする．

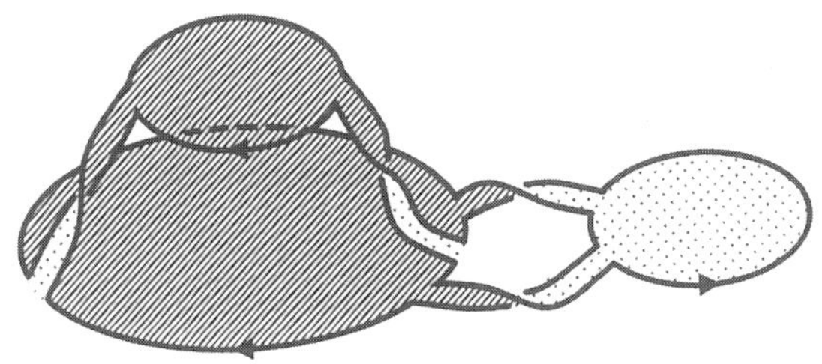

図 3.9

このようにして，図式 3.8 から，曲面を構成することができた．これを，**ザイフェルト曲面**とよぶ．この曲面の境界として，リンク L が現れる．この曲面は，片面が白，他方の面が黒とぬり分けられていて，表裏の区別のある曲面である．図 3.10 に，向きのついたリンクのダイアグラムから，いま説明した方法で，ザイフェルト曲面を構成した例をいくつか示した．図 3.10 の 2 番目と 3 番目のリンクのように，向きのつけ方によっては，異なった曲面がはられることに注意しよう．

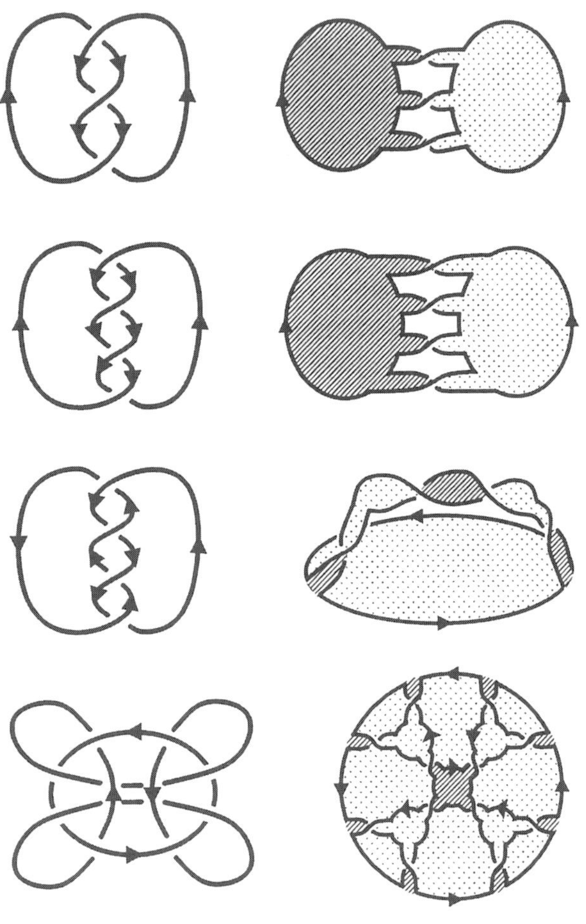

図 3.10

また，図 3.11 の曲面の境界として，三葉結び目が得られるが，これはいわゆるメビウスの帯で，表裏の区別ができない曲面である．上の意味のザイフェルト曲面ではない．

以上をまとめると次のようになる．

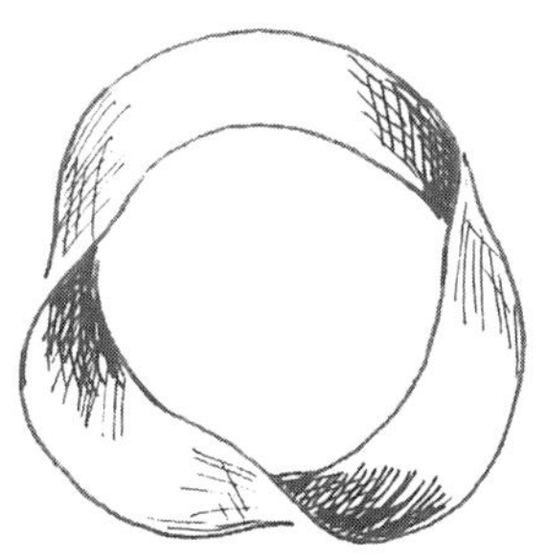

図 3.11

> リンクは，表裏の区別のある曲面の境界として表すことができる．この曲面は，ザイフェルトサークルに対応した何枚かの円板と，これらをつなぐひねったバンドによって構成される．

今回のテーマとは直接は関係しないが，前回導入した絡み数をザイフェルト曲面の立場から説明してみよう．

図 3.12 に示したのは，いずれも向きのついた 2 つの成分をもつリンクである．片方の成分に，上の方法に従ってザイフェルト曲面がはられている．リンクの他方の成分が，この曲面といくつかの点で交わっている．曲線を少し動かして，交点は図 3.13 a（37 ページ）のように曲面の裏から表の方向に通りぬけるか，あるいは，図 3.13 b のように表から裏の方向に通りぬけるかのいずれかで，図 3.13 c のような状況はおきないと仮定してよい．図 3.13 a を正の交差，図 3.13 b を負の交差とよぶことにしよう．このような見方をすると，絡み数は，片方の成分にはられたザイフェルト曲面と他方の成分の結び目の，正の交差の個数から負の交差の個数を引いたものとしてとらえることができる．

● アレクサンダーの定理の証明

さて，リンクを組みひもを用いて表す問題にもどろう．もし，向きのついたリンクが，ある組みひもの両端を閉じたものとして表されているとすると，そのザイフェルトサークルは，図 3.14（37 ページ）のように同心円になるはずである．しかも，これらの円にはすべて同じ向きが与えられていることになる．逆に，ザ

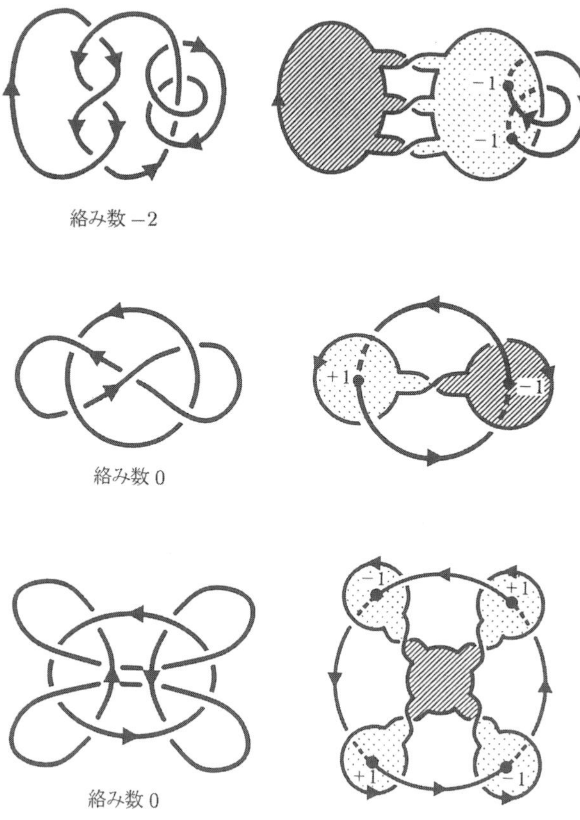

図 3.12

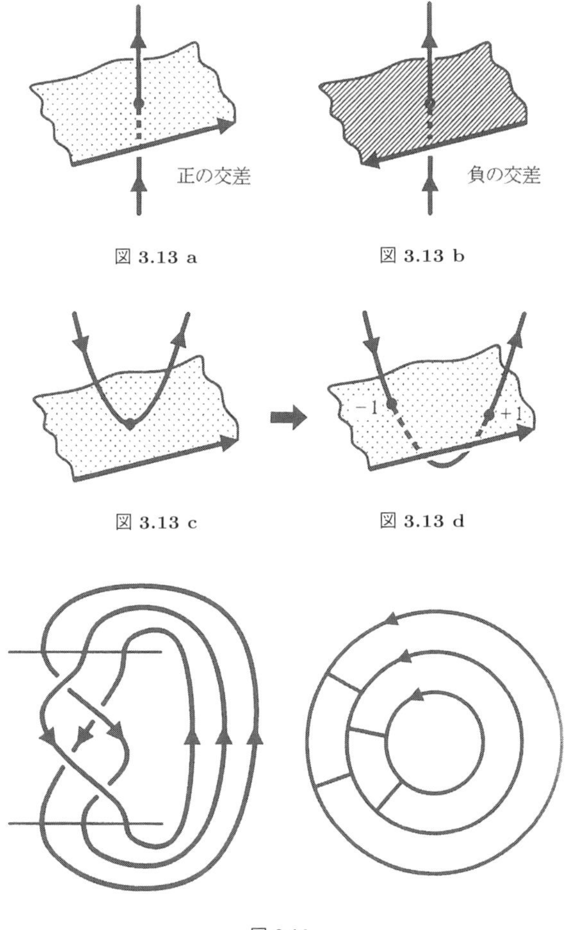

図 3.13 a　　図 3.13 b

図 3.13 c　　図 3.13 d

図 3.14

イフェルトサークルがこのように同心円になっていれば，もとのリンクのダイアグラムは組みひもを閉じたものとして表されるので，問題は，“リンクのダイアグラムをライデマイスター移動 I, II, III によって変形して，対応するザイフェルトサークルが同心円になるようにせよ”という形に整理される．

まず，図 3.15 のようなザイフェルトダイアグラムから出発しよう．一番外側のザイフェルトサークルに，左回りの向きが与えられているとすると，他のザイフェルトサークルの向きは，図のように決まってしまうことに注意しよう．これ

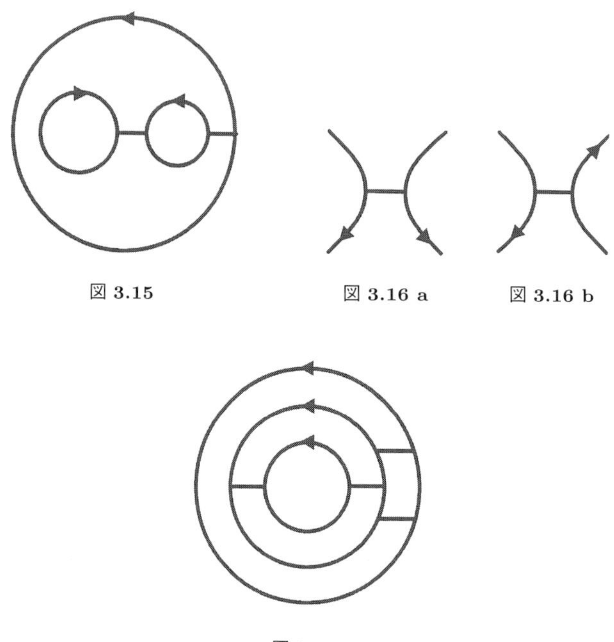

図 3.15　図 3.16 a　図 3.16 b

図 3.17

はザイフェルトダイアグラムにおける線分のつなぎ方の規則から，図 3.16 a の場合のみがおこり，図 3.16 b に対応する場合はおきえないことによる．リンクダイアグラムのライデマイスター移動によって，ザイフェルトサークルが同心円になるように変形したのが図 3.17 である．図 3.15 から図 3.17 に至る過程を，リンクダイアグラムで見たのが図 3.18 a である．図 3.18 b でライデマイスター移動 III に対応する部分を拡大して示した．得られたザイフェルトダイアグラムにおいては，3 つのザイフェルトサークルが，同じ向きになっていることに注意しよう．

もうひとつの典型的な場合として，図 3.19 a のザイフェルトダイアグラムを考えてみよう．このときも，ライデマイスター移動によって，図 3.19 b の同心円のダイアグラムに変形することができる．

一般には，図 3.20（40 ページ）のようなザイフェルトダイアグラムが考えられるが，上に説明した 2 通りの操作の組合せにより，最終的には向きのそろった同心円のダイアグラムに変形することができる．ここでは，一番外側のザイフェルトサークルがあるとして議論したが，もしないときは，まず一番外側にザイフェ

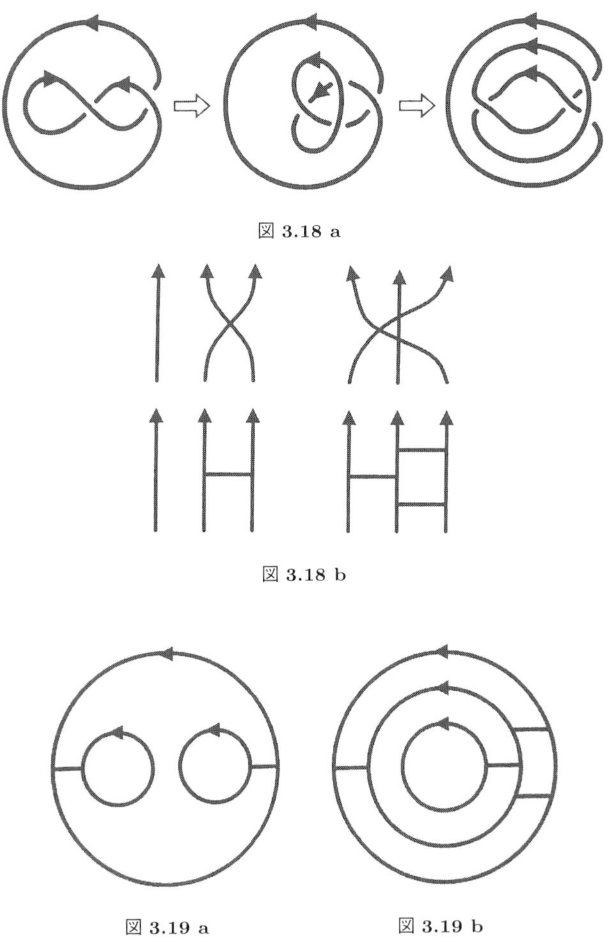

図 3.18 a

図 3.18 b

図 3.19 a　　図 3.19 b

ルトサークルを付け加えて上の変形をおこなった後に，これを取り除けばよい．

まとめると，どのようなザイフェルトダイアグラムも，対応するリンクダイアグラムのライデマイスター移動により，同心円のザイフェルトダイアグラムに変形できることがわかった．結果として，次の定理が証明できたことになる．

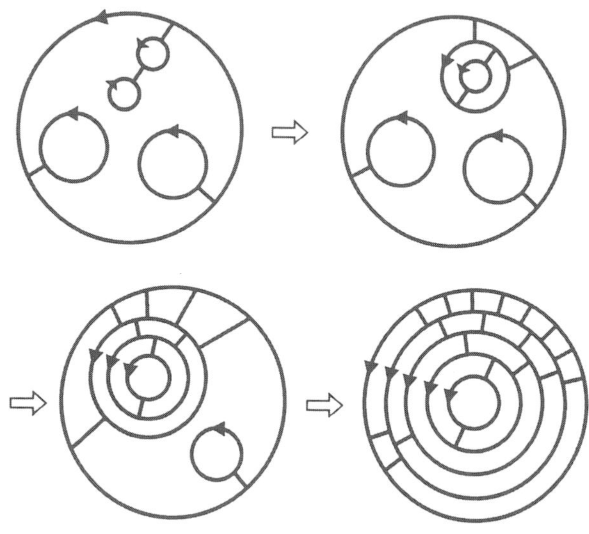

図 3.20

> アレクサンダーの定理
> すべてのリンクは，ある組みひもの両端を閉じたものとして表すことができる．

● マルコフの操作

アレクサンダーの定理により，向きのついたリンクから出発して組みひもを構成することができる．このような組みひもは一通りに決まるのであろうか．図 3.5 の半直線の位置を図 3.21 のように変更して切り開いてみよう．得られる組みひもは，

$$\sigma_2^{-1}\sigma_1\sigma_2^{-1}\sigma_1$$

となる．以前の表示と比べてみると，前から σ_1^{-1} を掛け，後ろから σ_1 を掛けたものになっている．このように，異なった組みひもでも，その両端を閉じると同じリンクが生ずることがある．一般に，ブレイド群 B_n の要素 a, b について，B_n のある要素 x があって

$$a = x^{-1}bx$$

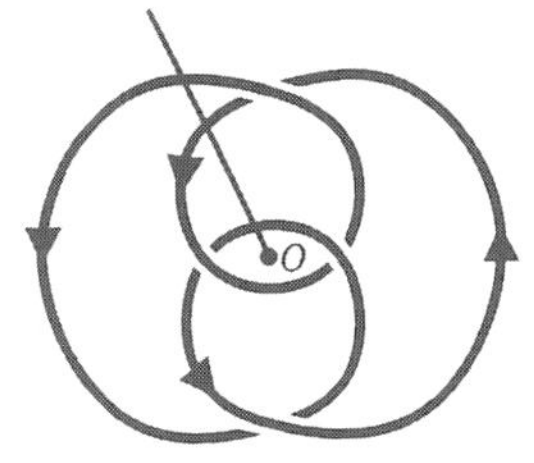

図 3.21

と書けるとき，a と b とは**共役**であるという．互いに共役な a,b については，それらの両端を閉じると，同じリンクができあがる．図 3.22 のように，x と x^{-1} の部分が打ち消しあってしまうからである．このように，基点は同じでも，切り開く半直線の方向を変えると，互いに共役な組みひもができる．

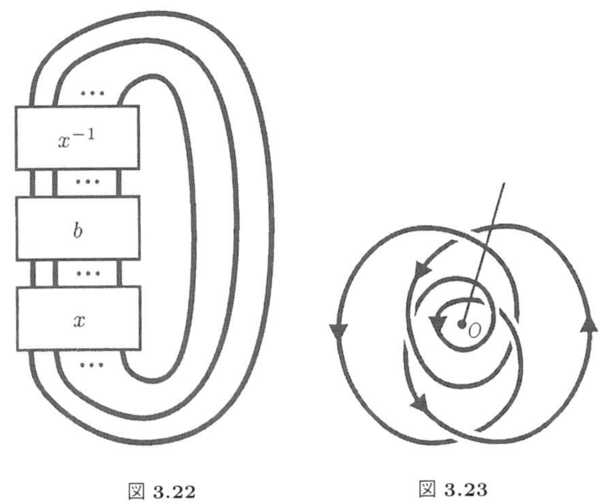

図 3.22　　図 3.23

しかし，問題はさらに複雑である．図 3.21 のダイアグラムを図 3.23 のようにライデマイスター移動 I を用いて変形してから，切り開いてみよう．今度は，4 本のひもからなる組みひもが得られ，これは

$$\sigma_1\sigma_2^{-1}\sigma_1\sigma_2^{-1}\sigma_3$$

と表される．つまり，切り開き方によっては，ひもの本数も一通りには決まらないことがわかる．この操作は，次のようにまとめることができる．

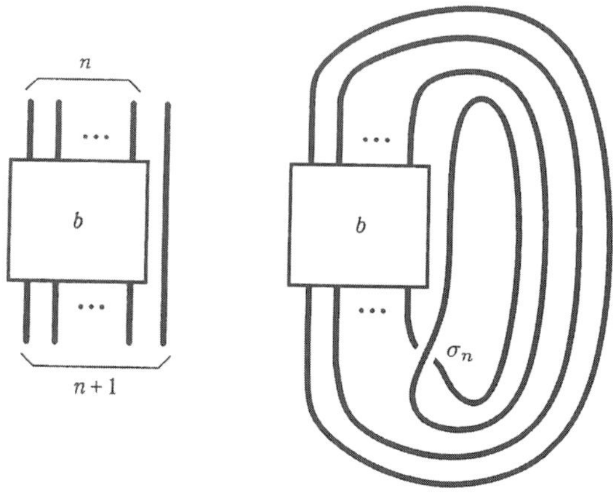

図 3.24

ブレイド群 B_n の要素 b について，図 3.24 のようにもう 1 本まっすぐなひもを追加して，B_{n+1} の要素とみなすことにする．このとき，組みひもの合成

$$b\sigma_n,\ b\sigma_n^{-1}$$

を考えると，これらを閉じたものとして，はじめの b を閉じたものと同じリンクができる．これは，図のように，σ_n または σ_n^{-1} を付け加えることによってできるねじれを解消すること，つまりライデマイスター移動 I でうつりあうことができる．

組みひも群 B_n の要素 b についてのこの 2 つの操作

$$\boxed{\begin{array}{c} b \longleftrightarrow x^{-1}bx,\ x \in B_n \\ b \longleftrightarrow b\sigma_n^{\pm 1} \end{array}}$$

は，**マルコフの操作**とよばれている．この操作でうつりあえる組みひもは同じリンクを表す．

● ブレイド指数

結び目の表 2.23（26 ページ）のうち最小交点数が 7 以下のものについて，これを表す組みひもを実際に求めたものが表 3.25 である．ここで，$\sigma_1, \sigma_2, \cdots$ は，図 1.6（4 ページ）に示した組みひもの構成要素である．

表 3.25

3_1	2	σ_1^3
4_1	3	$\sigma_1\sigma_2^{-1}\sigma_1\sigma_2^{-1}$
5_1	2	σ_1^5
5_2	3	$\sigma_1^2\sigma_2^2\sigma_1^{-1}\sigma_2$
6_1	4	$\sigma_1^{-1}\sigma_2\sigma_1^{-1}\sigma_3\sigma_2^{-1}\sigma_3\sigma_2$
6_2	3	$\sigma_1^{-1}\sigma_2\sigma_1^{-1}\sigma_2^3$
6_3	3	$\sigma_1^{-1}\sigma_2^2\sigma_1^{-2}\sigma_2$
7_1	2	σ_1^7
7_2	4	$\sigma_1^{-1}\sigma_3^3\sigma_2\sigma_1^2\sigma_3^{-1}\sigma_2$
7_3	3	$\sigma_1^2\sigma_2\sigma_1^{-1}\sigma_2^4$
7_4	4	$\sigma_1^2\sigma_2\sigma_3^2\sigma_1^{-1}\sigma_2\sigma_3^{-1}\sigma_2$
7_5	3	$\sigma_1^4\sigma_2\sigma_1^{-1}\sigma_2^2$
7_6	4	$\sigma_1\sigma_2^{-1}\sigma_1^{-2}\sigma_3\sigma_2^3\sigma_3$
7_7	4	$\sigma_1\sigma_3^{-1}\sigma_2\sigma_3^{-1}\sigma_2\sigma_1^{-1}\sigma_2\sigma_3^{-1}\sigma_2$

この表の一番左の $3_1, 4_1, 5_1, \cdots$ は，表 2.23（26 ページ）と同じように結び目につけられた名前である．その次に並んだ数字 $2, 3, 2, \cdots$ は，結び目の**ブレイド指数**とよばれるもので，次のように定義される．アレクサンダーの定理によって，リンクはある組みひもの両端を閉じたものとして表すことができる．ところが，同じリンクについても，このような組みひもは一通りには決まらない．組みひもの，ひもの本数すら一通りには決まらないことは，すでに説明した．あるリンクについて，それを表す組みひものうち，ひもの本数が最も少なくてすむものを考える．この，ひもの本数がブレイド指数である．

これは，明らかにリンクの不変量であるが，実際に決定するのは難しい．つまり，ある方法でリンクを組みひもを閉じたものとして表したとすると，ブレイド指数はそのひもの本数以下であることはわかるが，それよりも少ない本数で実現できるかどうかを決定するのは容易ではない．実は，このブレイド指数の計算に，次回に説明するジョーンズ多項式が強力な手段となる．

また，ブレイド指数に等しい本数の組みひもで表す方法もさまざまである．図3.26 のように，必ずしも共役でないものが同じ結び目を表すこともある．

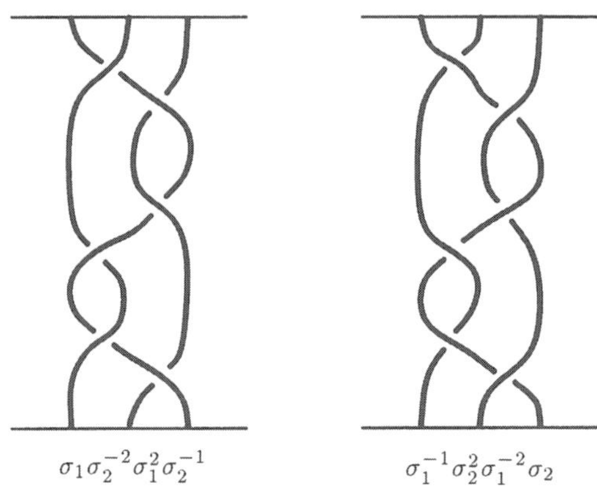

図 3.26

実際，これらの組みひもが共役でないことは，次のようにしてわかる．図 3.26 の組みひもは，それぞれ

$$\sigma_1\sigma_2^{-2}\sigma_1^2\sigma_2^{-1}, \quad \sigma_1^{-1}\sigma_2^2\sigma_1^{-2}\sigma_2$$

と表される．いま σ_1 に注目すると，左の組みひもでは，合計 3 乗分，一方，右の組みひもでは合計 -3 乗分現れている．両者が共役であるとすると，これらの数字は等しくなっていなければならないので，共役ではない．しかし，組みひもとしては，上下を逆にすることによりうつりあうので，両端を閉じると同じ結び目が得られる．このような現象は，結び目の問題を組みひも群の代数的な言葉に翻訳することの困難さの一端を表している．

● ザイフェルトサークルの個数とブレイド指数

山田氏は，今回説明した彼の構成から，ザイフェルトサークルの個数とブレイド指数の関係が得られることを指摘した．次に，この関係を説明しよう．

向きのついたリンク L のブレイド指数を $b(L)$ とおくことにする．このリンクのダイアグラムについて，ザイフェルトダイアグラムを先に説明したように構成する．アレクサンダーの定理の証明をふりかえってみると，このザイフェルトダイアグラムをライデマイスター移動によって変形して，ザイフェルトサークルが同心円になるようにするのであった．このとき得られた組みひもによるリンクの表示において，ひもの本数はちょうどザイフェルトサークルの個数に等しい．ザイフェルトダイアグラムの変形の過程において，図式に含まれるザイフェルトサークルの個数は変わらないことに注目しよう．このことから，ブレイド指数 $b(L)$ は，ザイフェルトサークルの個数以下であることがわかる．

同じリンクでも，そのザイフェルトサークルの個数は，リンクのダイアグラムの選び方によって，異なる値をとる．図 3.27 に例を示した．

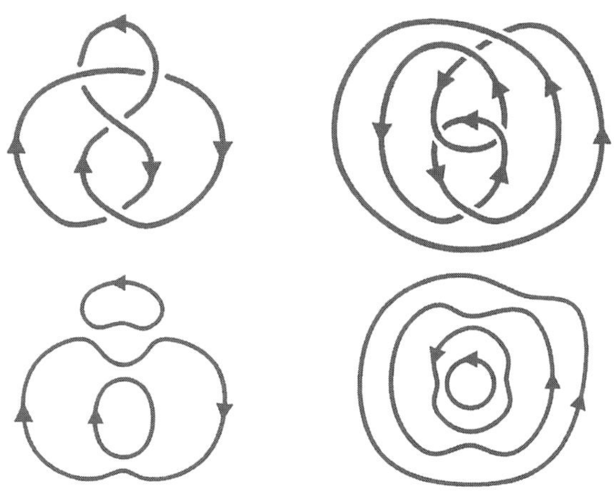

図 **3.27**

向きのついたリンク L について，そのダイアグラムをいろいろ考えたとき，対応して決まるザイフェルトサークルの個数の最小値を $s(L)$ と書くことにしよう．上の議論は，どのようなダイアグラムについても成立するので，不等式

$$b(L) \leq s(L)$$

が証明できたことになる．

一方，ブレイド指数 $b(L)$ 本の組みひもでリンク L を表して，対応するダイアグラムを考えると，ザイフェルトサークルの個数はちょうど $b(L)$ に等しい．このことから，

$$s(L) \leq b(L)$$

となっていることがわかる．2 つの不等式をあわせると，等式

$$b(L) = s(L) \tag{3.28}$$

が得られる．まとめると，次の結果が示されたことになる．

> 向きのついたリンクのブレイド指数は，そのザイフェルトサークルの個数の最小値に等しい．

コラム● 結び目とDNA

ジョーンズ多項式の発見の直後，1986年に米国のサンタクルーズで開催された組みひも群の研究会には，分子生物学者も何名か参加した．DNAを構成する大きな分子は二重らせんの構造をもっているが，電子顕微鏡技術の発達によりその上下関係が観察できるようになり，DNAが図のように両端が閉じられた結び目の構造をもっている場合があることが明らかになったのである．二重らせんの2つの成分の絡み数は，らせんの回転数と結び目のねじれ数の和として表すことができる．ここで，結び目のねじれ数とは正の交差点の個数から負の交差点の個数を引いたものである．最近の研究で，DNAは細胞の核のせまい場所にきっちりとおさまるために結び目の構造をもっていることが確かめられている．また，DNAの複製を作る際には，酵素の働きによって，正の交差と負の交差の入れ替えや，図3.6に示したような操作が実際に起きていることがわかっているのである．この本で解説するジョーンズ多項式などの結び目の不変量を用いて，結び目の様相から，どのような酵素が作用したのかを予測する研究がおこなわれている．また，DNAの変異の研究やプリオンなど異常な構造をもつタンパク質分子の研究にも組みひもと結び目の理論が用いられている．

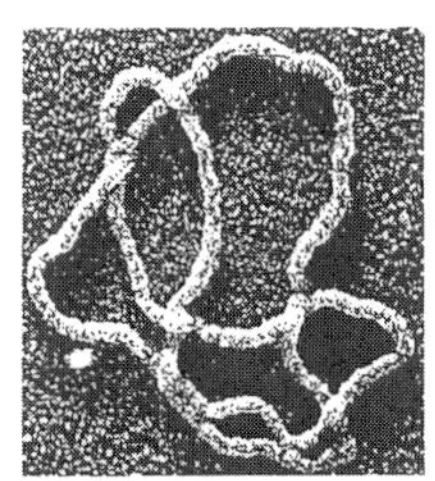

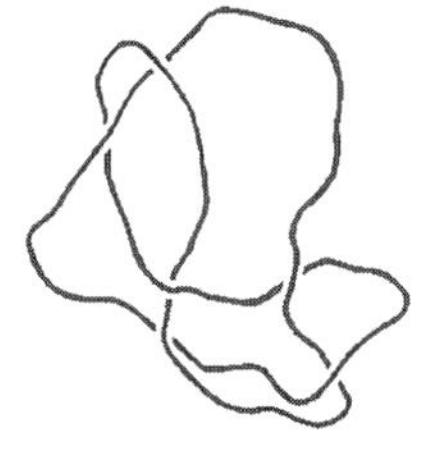

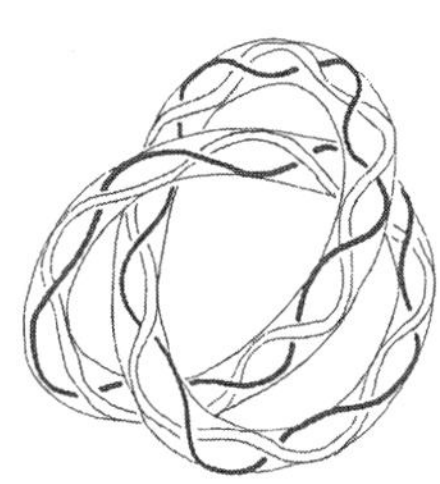

DNAの電子顕微鏡写真とその結び目の構造
(N. R. Cozzarelli, A. Stasiak 提供)

回転数 10
ねじれ数 3
絡み数 13

第4話

カウフマンのブラケット多項式とジョーンズ多項式

この本の重要なテーマのひとつであるリンクのジョーンズ多項式を紹介する．ここで説明する方法は，カウフマンによるステート模型に基づいている．その定義は初等的に述べられるにもかかわらず，ジョーンズ多項式は強力な不変量で，その幾何的な意味は現在でもくみつくされていない．三葉結び目がその鏡像とは異なることなどが，応用として証明される．

● カウフマンのステート模型

まず，**カウフマンのステート模型**について説明しよう．リンク L の 1 つのダイアグラムを D で表す．これは，リンク L を平面に投影してその影を描き，交差点におけるひもの上下関係がわかるように図示したものであった．このダイアグラムを各交差点でつなぎ替えて，互いに交わらない平面の閉曲線を作ることを考える．前回は，リンクに向きが与えられているとして，ザイフェルトサークルとよばれる曲線を構成した．この場合には，できあがった曲線にきちんと向きがつくようにするためには，交差点におけるつなぎ替えの方法はリンクの向きから決まってしまったのだが，今回は，リンクの向きは考えないことにしよう．交差点でのつなぎ替えには，図 4.1 の 2 通りのパターンが考えられる．これらを区別するため，交差点のまわりの 4 つの領域に図 4.2 の規則に従って文字 A, B を 2 つずつわりふることにする．この A, B の与え方は，リンクの向きとは関係なく，

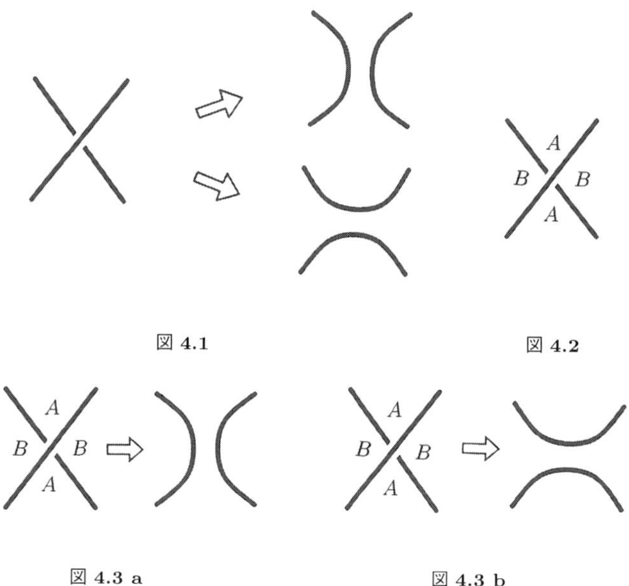

図 **4.1**　　図 **4.2**

図 **4.3 a**　　図 **4.3 b**

各交差点のまわりで一通りに決まってしまうことに注意しよう．

そして，図 4.3 a のつなぎ替え方を，A の方向にはさみを入れるという意味で，A マーカーに沿って切るという言い方をする．同じように，図 4.3 b のつなぎ替え方を，B マーカーに沿って切ると言うことにしよう．

交差点ごとに，A, B いずれかのマーカーを指定して，つなぎ替えをおこなうことにより，平面の互いに交わらないいくつかの閉曲線が得られる．図 4.4 に三葉結び目のダイアグラムの場合を示した．全部で，8 通りのパターンが生じる．一般に，ダイアグラムの交差点の個数を n 個とすると，各交差点ごとに 2 通りの切り方があるので，2^n 個のパターンが得られる．このパターンの 1 つ 1 つを，リンクダイアグラムの**ステート**とよぶことにしよう．

リンクダイアグラム D の 1 つのステートを S とする．ステートは，交差点に A か B いずれかのマーカーを指定することにより決まるのであった．いま，A, B を変数と考え，各交差点に指定された A か B の文字すべての積をとったものを，

$$\langle D|S\rangle$$

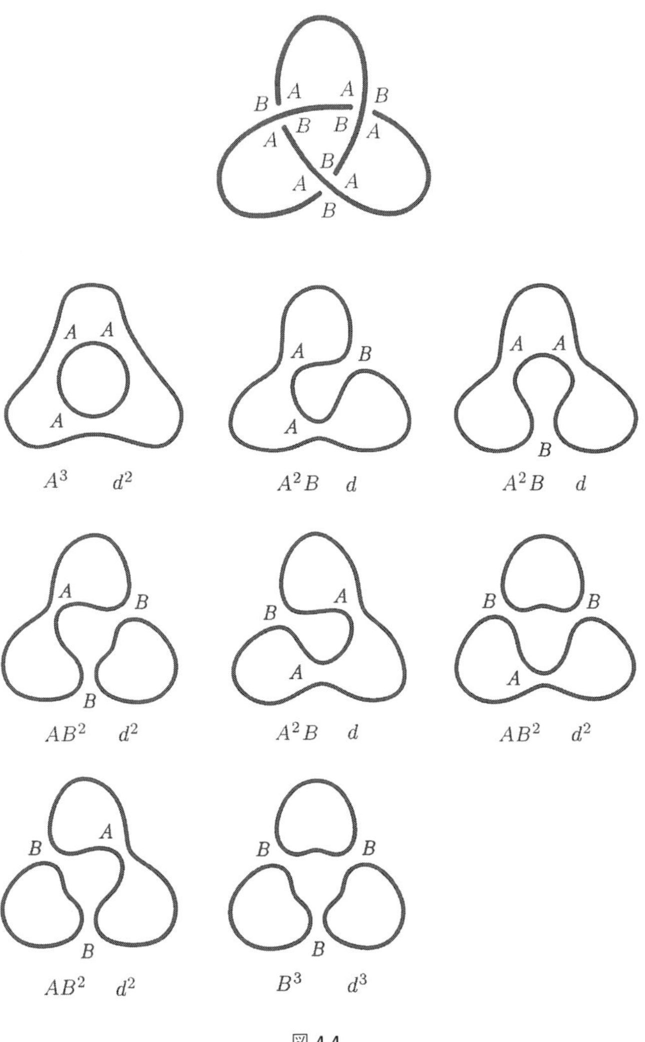

B A A B
A B B A
B
A A
B
A A
A
A³ d²
A B
A
A²B d
A A
B
A²B d
A
B
B
AB² d²
B A
A
A²B d
B B
A
AB² d²
B A
B
AB² d²
B B
B
B³ d³

図 4.4

と表すことにしよう．図 4.4 に書きこまれている A, B の単項式は，それぞれのステートについての $\langle D|S\rangle$ を示している．さらに，$|S|$ をステート S のパターンに含まれる閉曲線の個数とする．新しく変数 d を用意して，A, B, d を変数とする多項式

$$\langle D\rangle = \sum_{S}\langle D|S\rangle d^{|S|} \tag{4.5}$$

を考えよう．ここで，和は，ダイアグラム D のすべてのステートについてとる．これが，定義したいリンクの不変量の候補となるものである．このように，ステートを決めるごとに局所的に決まる量すべての積をとり，さらにすべてのステートについての和をとるという操作は，統計力学のアナロジーで**統計和**とよばれることもある．アイデアは，リンクダイアグラムのすべてのステートについての統計和をとることにより，ダイアグラムにはよらないリンクそのものに固有な量を定義しようというものである．

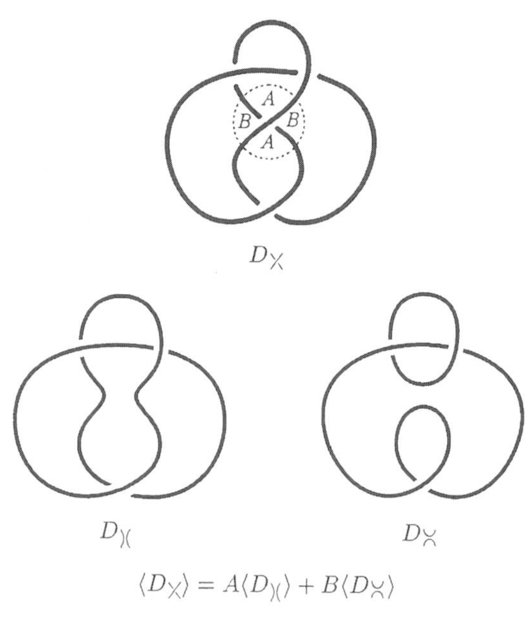

図 4.6

● 統計和とライデマイスター移動

まず統計和 $\langle D\rangle$ の次の性質に注目しよう．いま，ダイアグラム D の 1 つの交差点に着目して，この交差点を図 4.6 のようにマーカー A, B に沿って切って得られるダイアグラムを考えよう．はじめの統計和を $\langle D_{\times}\rangle$，マーカー A, B に沿って切って得られるダイアグラムについての統計和をそれぞれ $\langle D_{)(}\rangle$，$\langle D_{\asymp}\rangle$ で表すと，これらの 3 つの統計和の間には，関係式

$$\langle D_{\times}\rangle = A\langle D_{)(}\rangle + B\langle D_{\asymp}\rangle \tag{4.7}$$

が成立している．これは次のように説明される．ダイアグラム D のすべてのステートの集合を上で着目した交差点に関してマーカー A になっているものとマーカー B になっているものとに分割する．式 (4.7) の右辺の 2 つの項は，それぞれ，マーカー A についての和，マーカー B についての和と考えればよい．

統計和 $\langle D\rangle$ のその他の性質をあげてみよう．自明な結び目に対応した 1 つの円からなるダイアグラムについては，ステートは 1 つだけで，統計和は d となる．これを，

$$\langle \bigcirc \rangle = d$$

と表す．また，ダイアグラム D が完全に 2 つのダイアグラム D_1, D_2 に分離しているときは，ステートはそれぞれ独立に動きうるので，

$$\langle D\rangle = \langle D_1\rangle\langle D_2\rangle$$

が成立する．

リンクの不変量を導くために，統計和 $\langle D\rangle$ がライデマイスター移動で変化しないかどうかを調べてみよう．まず，ライデマイスター移動 II を考える．リンクダイアグラムの一部を図 4.8 a のように変化させてみる．このとき，対応する統計和をそれぞれ $\left\langle \bowtie \right\rangle$，$\left\langle)(\right\rangle$ で表すことにする． 以下，$\langle\ \rangle$ の中にダイアグラムの入った表示式をしばしば用いるが，これは，図 4.8 a のようにリンクダイアグラムの一部を $\langle\ \rangle$ の中身のように変化させ，リンクダイアグラムのその他の部分はそのままにしておくという意味である．変化させる交差点はどこであっても，この関係式の形は同じである．この表示法で，関係式 (4.7) を用いて計算すると，

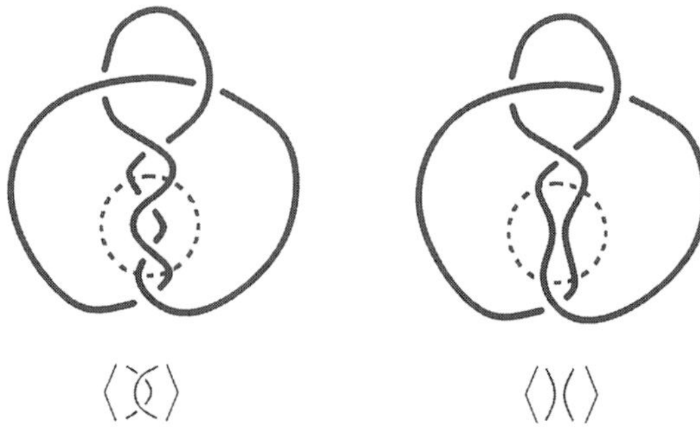

図 **4.8 a**

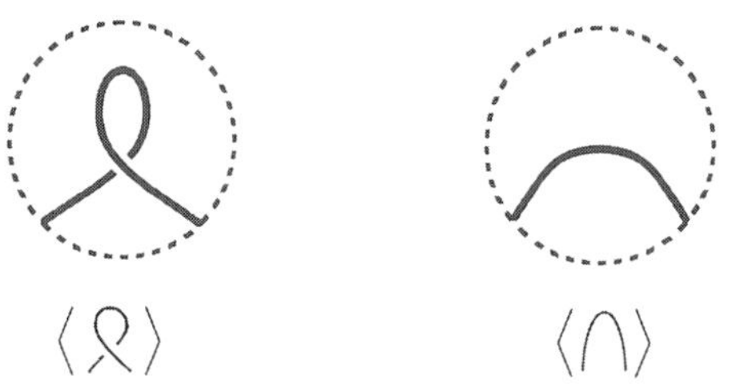

図 **4.8 b**

$$\begin{aligned}\left\langle \overset{A}{\bowtie} \right\rangle &= A\left\langle \bigvee\!\!\!\!\times \right\rangle + B\left\langle \overset{\smile}{\rtimes} \right\rangle \\ &= A\left(A\left\langle \asymp \right\rangle + B\left\langle\,)(\,\right\rangle\right) + B\left\langle \overset{\smile}{\rtimes} \right\rangle\end{aligned}$$

となる．ここで，

$$\begin{aligned}\left\langle \rtimes \right\rangle &= A\left\langle \overset{\circ}{\frown} \right\rangle + B\left\langle \bigcap \right\rangle \\ &= (Ad + B)\left\langle \bigcap \right\rangle\end{aligned}$$

を代入すると，

$$\left\langle \bowtie \right\rangle = (A^2 + B(Ad + B))\left\langle \asymp \right\rangle + AB\left\langle\,)(\,\right\rangle$$

が得られる．したがって，A, B, d の間に関係式

$$AB = 1, \qquad A^2 + B^2 + ABd = 0$$

があれば，ライデマイスター移動 II で不変であることがわかる．そこで，以下

$$B = A^{-1}, \qquad d = -A^2 - A^{-2} \tag{4.9}$$

とおいて，$\langle D \rangle$ は A の関数とみなすことにする．

次にライデマイスター移動 I について調べてみよう．リンクダイアグラムの一部を図 4.8 b のように変形して，統計和 $\langle D \rangle$ の変化を計算する．上で計算したように，

$$\Big\langle \quad \Big\rangle = (Ad + B)\Big\langle \bigcap \Big\rangle$$

となるが，(4.9) より

$$Ad + B = -A(A^2 + A^{-2}) + A^{-1} = -A^3$$

であることを用いると

$$\Big\langle \quad \Big\rangle = -A^3\Big\langle \bigcap \Big\rangle \tag{4.10}$$

が得られる．同じように計算すると

$$\Big\langle \quad \Big\rangle = -A^{-3}\Big\langle \bigcap \Big\rangle \tag{4.11}$$

となる．

ライデマイスター移動 III で不変であることは，図 4.12 のように検証することができる．

● ステート模型からブラケット多項式へ

以上をまとめると，統計和 $\langle D \rangle$ は，ライデマイスター移動 II, III で変化しないことがわかった．リンクダイアグラム D に対して定義された統計和 $\langle D \rangle$ を**カウフマンのブラケット多項式**という．これは，変数 A について負のベキも許す多項式である．

ライデマイスター移動 I では (4.10), (4.11) のように変化するので，カウフマンのブラケット多項式は，リンクの不変量ではない．しかし，次のように見方を変えることができる．リンクが，図 4.14（58 ページ）のように幅のある帯でできているとしよう．このバンドは表裏の区別がつけられるものとし，前回に見たメビウスの帯のようなものは考えないことにする．

このように見ると，ライデマイスター移動 I に対応する局所的な変形は，図 4.15（58 ページ）のように書き直すことができる．つまり，図 4.15 a のバンドの両端をひっぱると図 4.15 b のようにねじれたバンドができる．このとき，左回

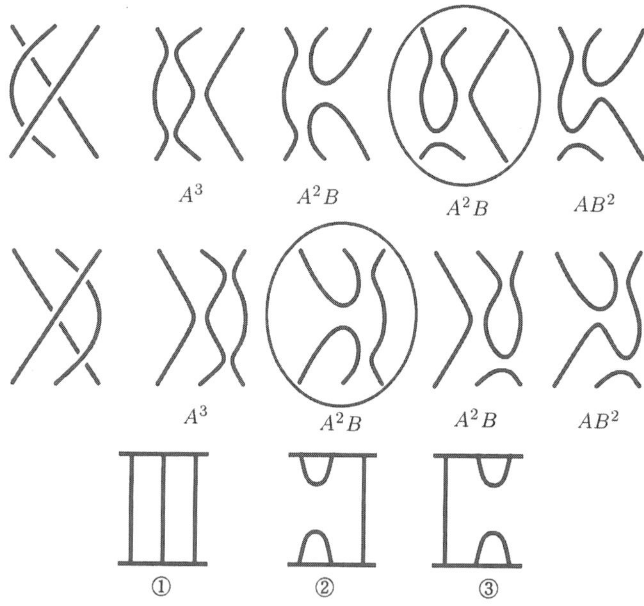

図 4.12　それぞれ，上の①～⑤のいずれかのパターンに帰着される．上段の丸で囲んだ 4 つはパターン ② になるが，これらの寄与は $2A^2B+$

転の 1 回ひねりがでてくると $-A^3$ 倍になり，また，右回転の 1 回ひねりがでてくると $-A^3$ で割られると解釈するのである．このように考えると，カウフマンのブラケット多項式は，ひもの絡み具合だけでなく，そのねじれ具合をも反映した不変量であると解釈することができる．

カウフマンのブラケット多項式の主な性質は次のようにまとめられる．

$$
\begin{aligned}
&\langle \times \rangle = A\langle \,)(\, \rangle + A^{-1}\langle \asymp \rangle \\
&\langle \bigcirc \rangle = -A^2 - A^{-2} \\
&\langle \text{(左回転のひねり)} \rangle = -A^3\langle \bigcap \rangle, \quad \langle \text{(右回転のひねり)} \rangle = -A^{-3}\langle \bigcap \rangle
\end{aligned}
\tag{4.13}
$$

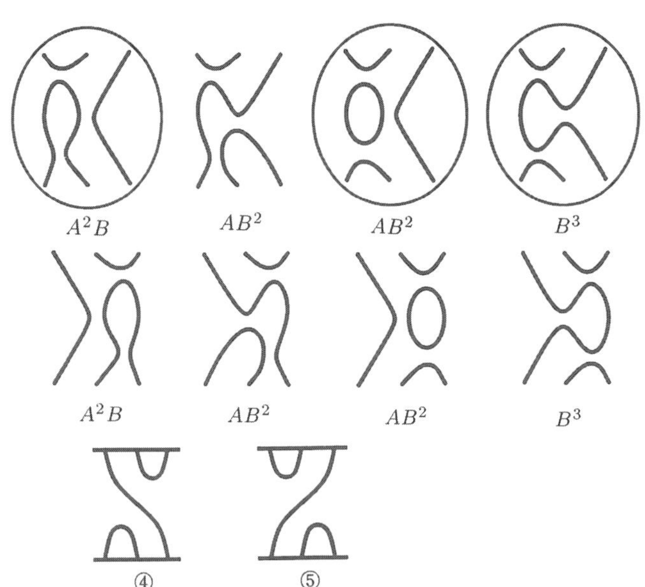

$AB^2d + B^3$ となり，(4.9) を用いて計算すると A となる．これは下段で②になる場合の A^2B と一致する．

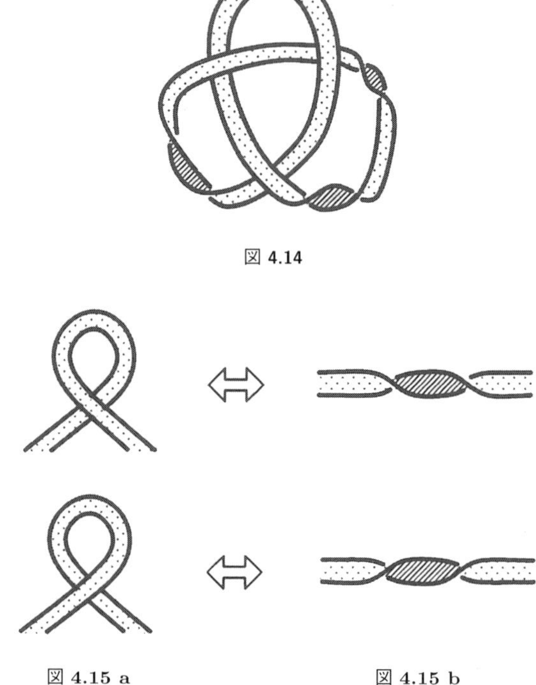

図 4.14

図 4.15 a　　図 4.15 b

● ジョーンズ多項式

次に，向きのついたリンクについて，すべてのライデマイスター移動で変わらないリンクの不変量を構成しよう．これは，カウフマンのブラケット多項式を，以下のように修正することによってなされる．リンクには向きがついているとしているので，リンクダイアグラムの交差点は，向きもこめて，図 4.17 の 2 通りのタイプに分かれる．左側の方を正の交差点，右側の方を負の交差点とよぶことにしよう．向きのついたリンク L のダイアグラム D について，正の交差点の個数から，負の交差点の個数を引いたものを $w(D)$ で表す．

まず，向きを忘れて，ダイアグラム D のカウフマンのブラケット多項式を計算し，次に，向きを考えて，$w(D)$ を求めて，

$$(-A^3)^{-w(D)}\langle D\rangle \tag{4.16}$$

正の交差点　　　　負の交差点

図 4.17

と修正したものを考えよう．このようにして得られた多項式は，すべてのライデマイスター移動で不変である．実際，$w(D)$ は，ライデマイスター移動 II, III では変化しないし，また，ライデマイスター移動 I では，$w(D), \langle D \rangle$ ともに変化するが，上の式 (4.16) ではそれがちょうど打ち消される．したがって，式 (4.16) は向きのついたリンク L の不変量になる．

式 (4.16) を，$d = -A^2 - A^{-2}$ で割って，

$$V_L = \frac{1}{d}(-A^3)^{-w(D)}\langle D \rangle \tag{4.18}$$

とおく．これが，向きのついたリンク L の**ジョーンズ多項式**である．自明な結び目については，d で割ってあるので，値が 1 になる．これを $V_{\bigcirc} = 1$ と表すこともある．

カウフマンのブラケット多項式の満たす 2 つの式

$$\langle \times \rangle = A\langle)(\rangle + A^{-1}\langle \asymp \rangle$$

$$\langle \times \rangle = A^{-1}\langle)(\rangle + A\langle \asymp \rangle$$

を用いて

$$A\langle \times \rangle - A^{-1}\langle \times \rangle = (A^2 - A^{-2})\langle)(\rangle \tag{4.19}$$

が得られる．次に，向きのついたリンクのダイアグラムについて，$w(D)$ による修正を考慮して，式 (4.19) をジョーンズ多項式についての関係式に書き直すと

$$-A^4 V_{L_+} + A^{-4} V_{L_-} = (A^2 - A^{-2}) V_{L_0} \tag{4.20}$$

が得られる．ここで，L_+, L_-, L_0 は，リンクダイアグラムの一部を，他の部分は変えないで図 4.21 のように変化させて得られる 3 つのリンクを示している．

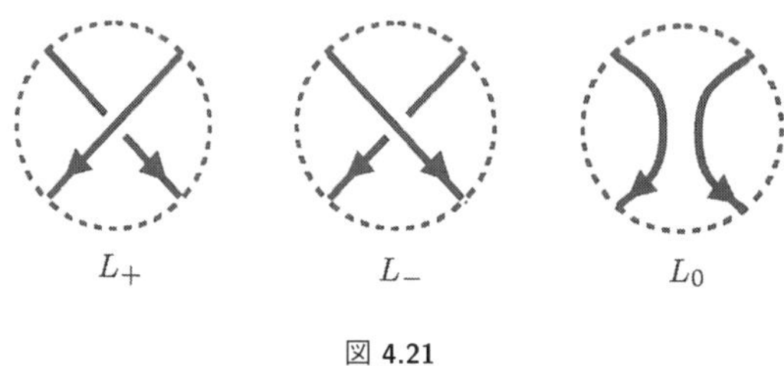

図 4.21

普通，$\sqrt{t} = A^{-2}$ と置き換えて，ジョーンズ多項式を t の関数とみなす．このように置き換えると，ジョーンズ多項式についての関係式

$$\frac{1}{t}V_{L_+} - tV_{L_-} = \left(\sqrt{t} - \frac{1}{\sqrt{t}}\right)V_{L_0}$$

の形に整理される．これを，ジョーンズ多項式の**スケイン関係式**という．

● スケイン関係式によるジョーンズ多項式の計算

ジョーンズ多項式は，リンクダイアグラムのすべてのステートを見て，カウフマンのブラケット多項式を求めることにより計算できるが，上のスケイン関係式と $V_{\bigcirc} = 1$ を用いて帰納的に計算するのも便利である．図 4.22 の樹形図に三葉結び目の場合の計算例を示した．はじめのステップでは，まず丸で囲んだ 1 つの交差点に着目して，このダイアグラムを L_+ と考えると，L_- は自明な結び目，L_0 はホップリンクとなる．以下，このような操作をくりかえしていくと，最終的には，いくつかの自明な結び目の和集合のダイアグラムが得られる．一般に，n 個の自明な結び目の和集合のジョーンズ多項式は

$$\left(-\sqrt{t} - \frac{1}{\sqrt{t}}\right)^{n-1}$$

となるので，もとのリンクのジョーンズ多項式は，樹形図を下の方から順にさかのぼることにより計算され，結果は

$$t + t^3 - t^4$$

となる．

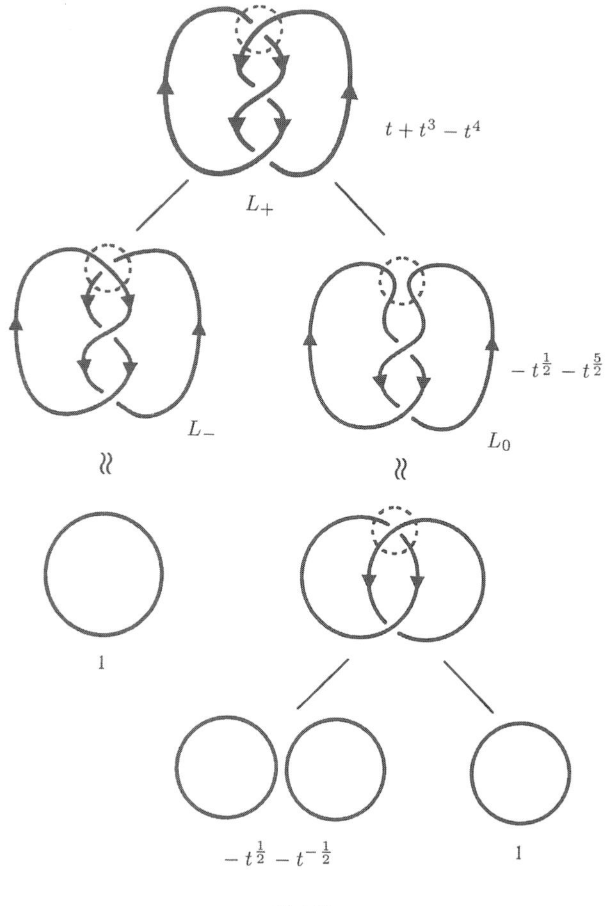

図 4.22

同じように，8 の字結び目の場合にやはり樹形図を用いた計算を図 4.23 に示した．このように，スケイン関係式を用いてジョーンズ多項式が計算できる根拠は，どのような結び目も交差の上下を適当に入れ替えると，自明な結び目にできることによっている．たとえば，図 4.24 を見てみよう．

これは，ある結び目を平面に投影した影を表している．交差点の上下関係の決め方によって，もとの結び目にはいろいろな可能性が考えられる．図 4.25（63 ページ）はその一例で，ひもが上を通るか，下をくぐるかが，交互に現れている．

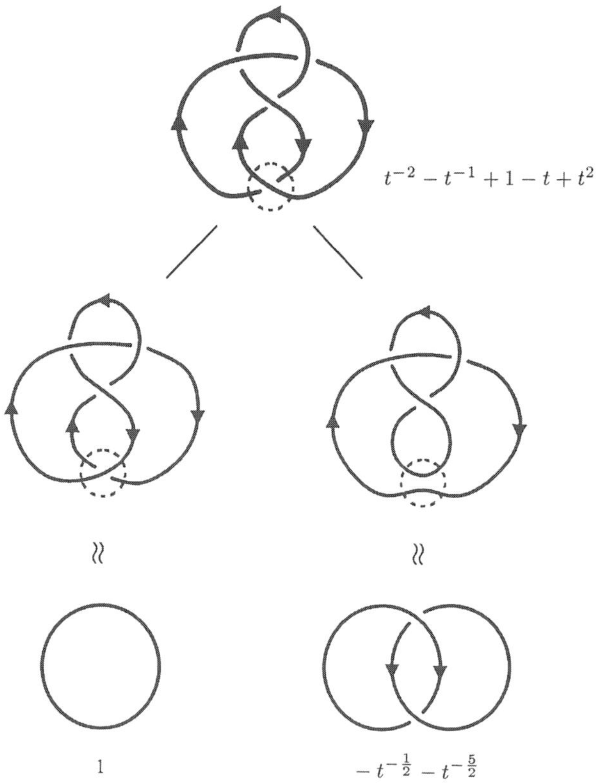

図 **4.23**　ホップリンクにつけられた向きに注意しよう.

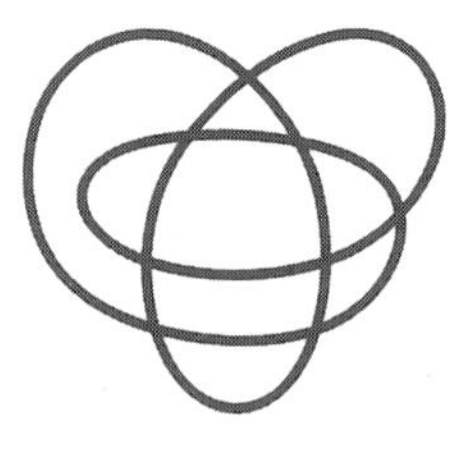

図 **4.24**

このような結び目は，交代結び目とよばれている．日本古来の宝結びは，交代結び目の例である．

図 4.25　この交代結び目は結び目の表 2.23 の 8_{17} である．$8_{19}, 8_{20}, 8_{21}$ は交代結び目ではない．

さて，自明な結び目を作るにはどうすればよいだろうか．図 4.26 がその答えである．つまり，ある点から出発して，射影図をたどるように曲線を描き，いままでに描いた曲線とぶつかったときには，必ずその下をくぐるように上下関係を決めていけば，できあがった結び目はほどけてしまう．

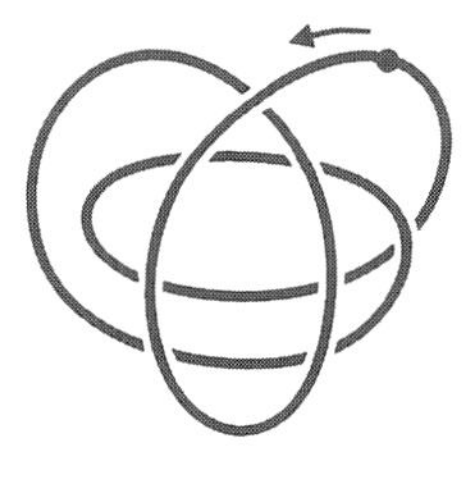

図 4.26

このことから，どのようなリンクも交差の上下関係を適当に変えると，自明な結び目の和集合にできることがわかる．リンクが与えられたとき，このような交差の上下関係の変え方を 1 つ考えよう．これをもとにして，樹形図を描いて，ジョーンズ多項式を計算していくのであるが，L_0 に対応するリンクは，L と比べて交差点の数が 1 つ少ないことに注意しよう．このことから，交差点の数についての帰納法が使えて，ジョーンズ多項式が計算できることが示された．

表 4.27

3_1	$t(1+t^2-t^3)$
4_1	$t^{-2}(1-t+t^2-t^3+t^4)$
5_1	$t^2(1+t^2-t^3+t^4-t^5)$
5_2	$t(1-t+2t^2-t^3+t^4-t^5)$
6_1	$t^{-2}(1-t+2t^2-2t^3+t^4-t^5+t^6)$
6_2	$t^{-1}(1-t+2t^2-2t^3+2t^4-2t^5+t^6)$
6_3	$t^{-3}(-1+2t-2t^2+3t^3-2t^4+2t^5-t^6)$
7_1	$t^3(1+t^2-t^3+t^4-t^5+t^6-t^7)$
7_2	$t(1-t+2t^2-2t^3+2t^4-t^5+t^6-t^7)$
7_3	$t^2(1-t+2t^2-2t^3+3t^4-2t^5+t^6-t^7)$
7_4	$t(1-2t+3t^2-2t^3+3t^4-2t^5+t^6-t^7)$
7_5	$t^2(1-t+3t^2-3t^3+3t^4-3t^5+2t^6-t^7)$
7_6	$t^{-1}(1-2t+3t^2-3t^3+4t^4-3t^5+2t^6-t^7)$
7_7	$t^{-3}(-1+3t-3t^2+4t^3-4t^4+3t^5-2t^6+t^7)$

結び目の表 2.23（26 ページ）のうち最小交点数が 7 までのものについて，そのジョーンズ多項式を計算した結果である．結び目については，実は $\sqrt{t}$ は必要なく，すべて，負のベキも許した t の多項式で表される．興味をもたれた読者は，証明を試みてみられることをお勧めする．

● カイラリティへの応用など

まず，図 4.28 a と図 4.28 b を見比べてみよう．ともに三葉結び目であるが，図 4.28 a は回転が左巻きに，一方図 4.28 b の方は回転が右巻きになっている．図 4.28 a を鏡にうつすと，図 4.28 b が見える．このような 2 つの結び目は，同じになるのだろうか．これは，**カイラリティの問題**とよばれている．リンク L のジョーンズ多項式 $V_L(t)$ を考える．リンク L を鏡にうつして得られるリンクを $\bar{L}$ と表すと，これは，もとのリンク L の交差の上下をすべて反対にしたものになる．スケイン関係式

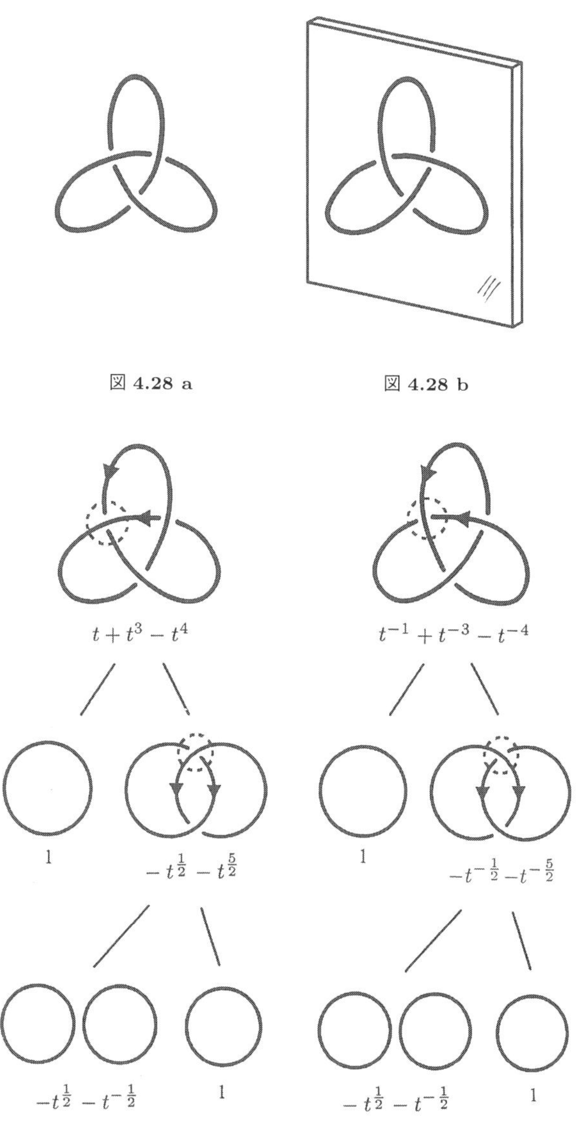

図 **4.28 a**

図 **4.28 b**

図 **4.29**

$$\frac{1}{t}V_{L_+} - tV_{L_-} = \left(\sqrt{t} - \frac{1}{\sqrt{t}}\right)V_{L_0}$$

と樹形図を用いてジョーンズ多項式を計算する手続きをふりかえってみよう．図 4.29 に左巻きと右巻きの三葉結び目の場合を並べて示した．

一般にリンク L とその**鏡像** $\bar{L}$ を考えると，スケイン関係式における L_+ と L_- の立場がちょうど逆転して，結果として

$$V_{\bar{L}}(t) = V_L(t^{-1}) \tag{4.30}$$

が成立している．このことから次が得られる．

> リンク L とその鏡像が同じリンクならば，必要条件として，そのジョーンズ多項式は
>
> $$V_L(t) = V_L(t^{-1}) \tag{4.31}$$
>
> を満たしている．

この判定条件を使うと，左巻きの三葉結び目のジョーンズ多項式

$$t + t^3 - t^4$$

は，t に t^{-1} を入れたものと一致しないので，三葉結び目はその鏡像と同じではないことがわかる．

結び目の表の 2 番目にある 8 の字結び目については，図 4.32 のように変形して，鏡像と同じであることが確かめられる． ジョーンズ多項式も

$$t^{-2} - t^{-1} + 1 - t + t^2$$

で，確かに t を t^{-1} に置き換えても変わらない．

● ジョーンズ多項式のいくつかの性質

ジョーンズ多項式の表 4.27 を見て，すぐに気づく性質をいくつかあげておこう．変数 t に 1 を代入すると，すべて値は 1 となる．このことは，$t = 1$ のとき，スケイン関係式は

$$V_{L_+} - V_{L_-} = 0$$

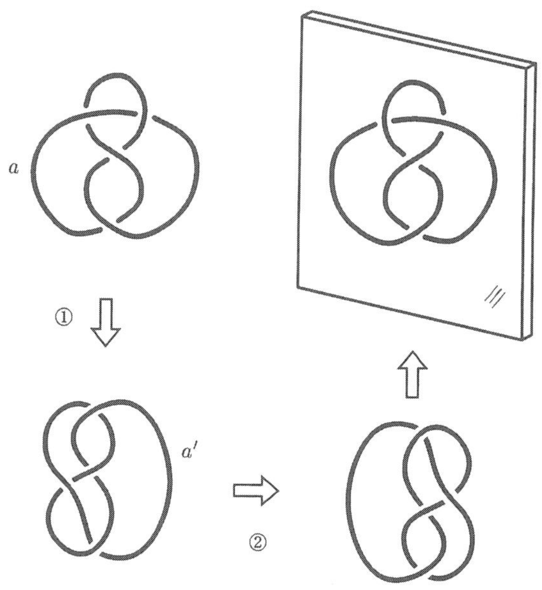

図 4.32 ①で a を a' までひっぱり，②で 180 度回転した．

となり，交差の上下が区別されないためすべての結び目に対する値が，自明な結び目と同じ値になってしまうことにより，説明される．また，t に 1 の 3 乗根

$$\omega = \frac{-1+\sqrt{3}i}{2}$$

を代入してもすべての結び目に対して，ジョーンズ多項式の値は 1 となる．これを証明するのは読者の演習問題としよう．このような性質は，ジョーンズ多項式になりうる式に制限を与えている．

図 4.33 に，リンクのジョーンズ多項式の計算例をいくつか示しておいた．ホワイトヘッドリンクの 2 つの成分はけっしてはずすことができないことは，絡み数ではわからなかったが，このようにジョーンズ多項式を用いると証明される．

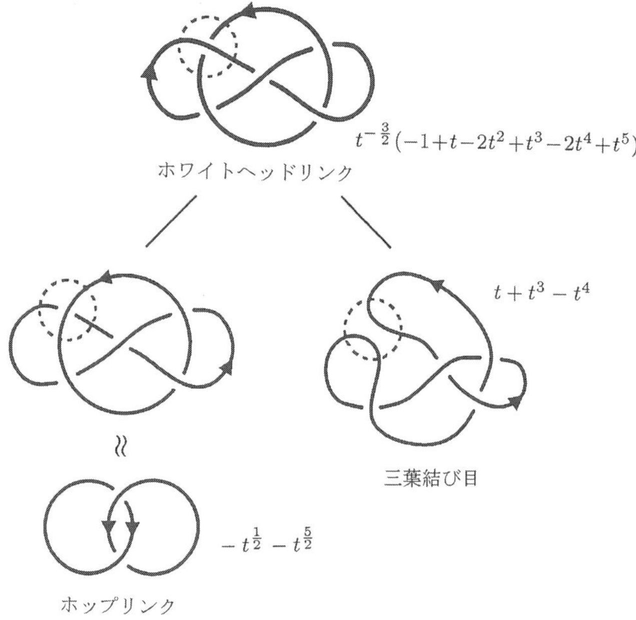
$t^{-\frac{3}{2}}(-1+t-2t^2+t^3-2t^4+t^5)$
ホワイトヘッドリンク
$t+t^3-t^4$
≀
三葉結び目
$-t^{\frac{1}{2}}-t^{\frac{5}{2}}$
ホップリンク

図 4.33

第5話

組みひもと統計力学モデル

ジョーンズ，カウフマンによるリンクの不変量と統計力学モデルのアナロジーをさらに鮮明な形で述べよう．リンクダイアグラムを点の生成，消滅，組みひも操作の過程とみなし，これらの操作を行列の言葉に翻訳しよう．応用として，ヤン-バクスター方程式とよばれる関係式の解を構成する．

● 点の生成消滅過程としてのリンク

第3話で，リンクダイアグラムをライデマイスター移動によって，組みひもを閉じたものとして表せることを示した．一般のリンクダイアグラムについても，

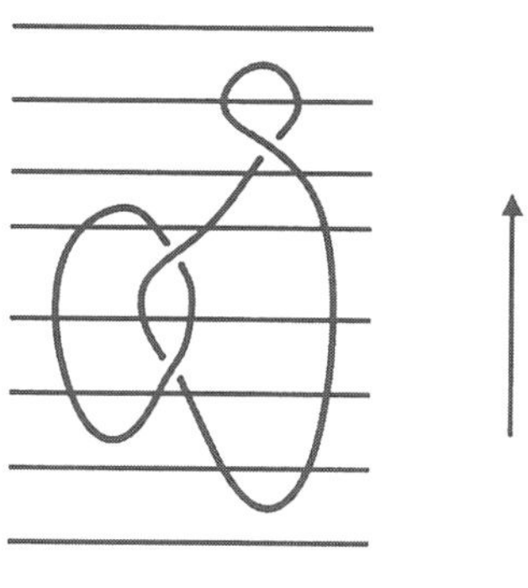

図 5.1

図5.1のように横に切ってみると，いくつかの基本的な操作から構成されていることがわかる．下の方から見ていくことにすると，図5.2aのように空集合から始まって，2つの点が生成される操作，図5.2bのように2つの点が衝突して消滅する操作，そして，図5.2cに示した，2通りの組ひもで表される2つの点の左回転の入れ替えと，右回転の入れ替えの操作である．つまり，リンクダイアグラムは，点の生成，消滅，正の組みひも，負の組みひもの4通りの基本操作から構成されていることがわかる．

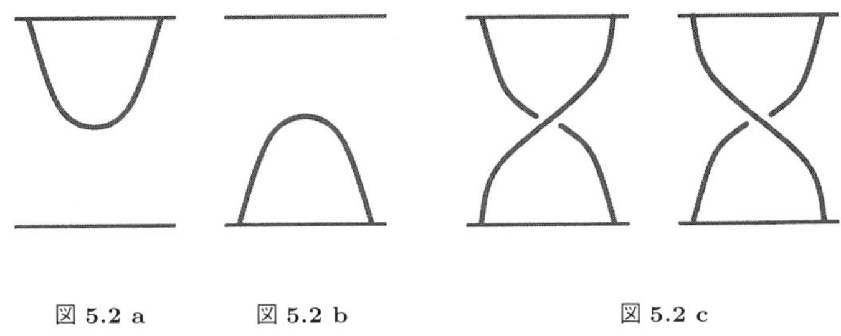

図5.2a　図5.2b　図5.2c

リンクダイアグラムに対して，図5.3aのようにいくつかの点とそれらを結ぶ曲線からなる図形を作る．このとき，点は，上に説明した基本操作と1対1に対応している．組みひもの操作には正負2通りの場合がありうるので，正の方には頂点に黒，負の方には頂点に白の色をつけて区別することにしよう．このようにしてできた図形を，リンクダイアグラムに対応するグラフとよぶことにする．

● ボルツマンウェイト，統計和

このグラフの各辺に図5.3bのように＋か－の符号を対応させる．辺の本数をn本とすると，全部で2^n通りの符号の与え方があることになるが，このように符号の与えられたグラフを，ステート模型の場合にならって，グラフのステートとよぶことにする．これを頂点のまわりでながめてみると，図5.3cのような場合がおきうる．

これからおこなう構成の概略を説明しよう．図5.3cの各場合について，**ボルツマンウェイト**とよばれるある量を対応させる．したがって，グラフのステートを与えるごとに，各頂点でボルツマンウェイトが与えられることになるが，それらすべての積を考える．このようにして決まる量に対して，すべてのステートに

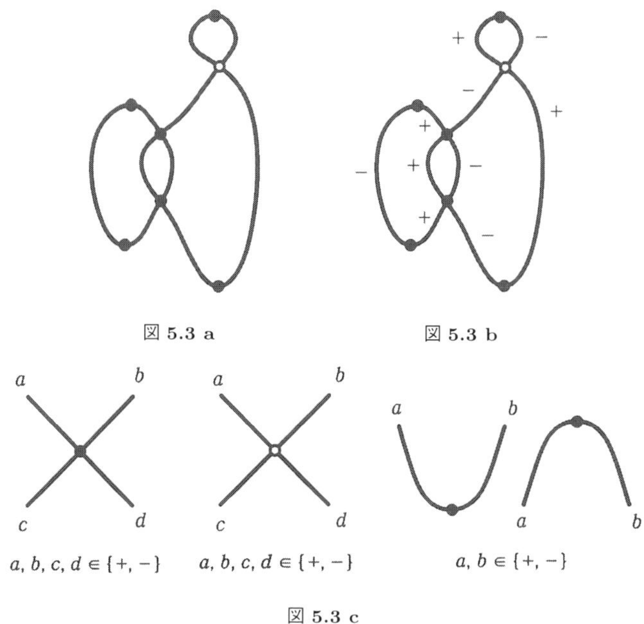

図 **5.3 a**

図 **5.3 b**

図 **5.3 c**

ついての和をとる．このようにステートを与えるごとに，頂点ごとに局所的に決まる量のすべての積をとってから，さらに辺に与えうるすべてのステートに対する和をとる．このような和を，統計力学のアナロジーで，統計和とよぶことは前に述べた．ジョーンズ，カウフマンによるリンクの不変量を，このようなグラフに対する統計和としてとらえようというのが，今回の目標である．そのためには，図 5.2 の 4 通りの頂点について，ステートを与えるごとに，どのようにボルツマンウェイトを定めればよいかを考えよう．

● 統計力学モデルから

実際の統計力学モデルは，たとえば，次のような形で記述される．磁性体は，N 極 S 極をもった小さい磁石の集まりとみなされている．すべての小さい磁石が同じ向きで並んでいると強い磁性を示すし，また温度が非常に高くなって，小さい磁石がランダムな振舞いをすると，全体としては磁石の性質を失ってしまう．このような現象を，次のモデルでシミュレーションする．簡単のため 1 次元のモデルを考え，図 5.4 a のように小さい磁石が直線上の整数点に並んでいるとしよう．それぞれの磁石は，N 極が上向きか，あるいは下向きの 2 つの状態をとりうるものとする．上向きを +，下向きを − で表そう．1 つ 1 つの磁石が + か − かを指定したものが，このモデルのあるステートである．全体の磁性はそれぞれの磁石の相互作用から決まるが，簡単のため相互作用は，となりあった 2 つについてのみおこると仮定しよう．となりあった 2 つについては，図にあるように 4 つのステートがありうるので，これらの 4 つについてそれぞれボルツマンウェイトとよばれる量を指定する．これは，一般に温度などのパラメーターを含んだ関数である．

さて，ステートを指定するごとに，となりあう 2 つについて決まるボルツマンウェイトすべてを掛けあわせ，さらにすべてのステートについての和をとった統計和は，**分配関数**ともよばれる．統計力学モデルは，このようにミクロな相互作用から決まるボルツマンウェイトの積の統計和として，マクロな系の振舞いを記述しようというものである．温度を上げていくと，ある温度で磁性体がその磁性を失うといったドラスティックな変化がおきる．このような変化を臨界現象といい，統計力学モデルの重要な研究課題である．

このモデルを 2 次元化して，図 5.4 b のような格子を考える．頂点にステートを与えるかわりに，辺に +，− のステートを与え，各頂点にボルツマンウェイトが指定されているようなモデルは，**バーテックス模型**とよばれている．

● ブラケット多項式を与えるボルツマンウェイト

さて，リンクの話題にもどり，統計力学モデルの言葉を用いて目標を整理してみよう．リンクダイアグラムに対応したグラフについて，各頂点にどのようにボルツマンウェイトを与えると，その分配関数がカウフマンのブラケット多項式になるかというのが，考えたい問題である．つまり図 5.3 c の各辺に + か − を指定したそれぞれの図について，変数を A とする関数を対応させて，これをボルツマンウェイトとする分配関数がカウフマンのブラケット多項式になるようにしようというわけである．それぞれの図に対応したボルツマンウェイトを

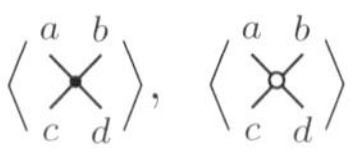

$$\left\langle \begin{smallmatrix} a & & b \\ & \times\!\!\bullet & \\ c & & d \end{smallmatrix} \right\rangle, \quad \left\langle \begin{smallmatrix} a & & b \\ & \times\!\!\circ & \\ c & & d \end{smallmatrix} \right\rangle \quad a, b, c, d = +, -$$

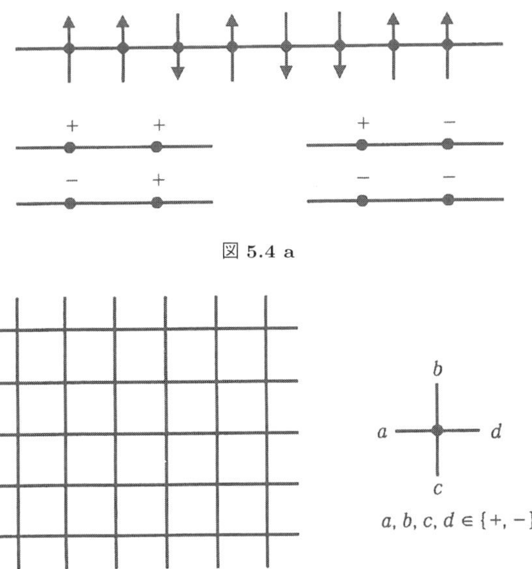

図 5.4 a

図 5.4 b

$$\left\langle \overset{a\ \ b}{\bigcup} \right\rangle,\quad \left\langle \underset{a\ \ b}{\bigcap} \right\rangle \quad a, b = +, -$$

などの記号で表すことにしよう．

統計和がカウフマンのブラケット多項式となるようにしたいので，

$$\begin{aligned} \left\langle \overset{a\ \ b}{\underset{c\ \ d}{\times}} \right\rangle &= A\left\langle \overset{a\ b}{\underset{c\ d}{)(}} \right\rangle + A^{-1}\left\langle \overset{a\ b}{\underset{c\ d}{\asymp}} \right\rangle \\ \left\langle \overset{a\ \ b}{\underset{c\ \ d}{\times}} \right\rangle &= A^{-1}\left\langle \overset{a\ b}{\underset{c\ d}{)(}} \right\rangle + A\left\langle \overset{a\ b}{\underset{c\ d}{\asymp}} \right\rangle \end{aligned} \tag{5.5}$$

が成立すると仮定するのは自然である．また，右辺の 1 番目のボルツマンウェイトは，頂点を全く含んでいないので，$a = c, b = d$ のときのみ 1 でそれ以外は 0 であるとしてよい．2 番目の項について，

$$\left\langle \overset{a\ \ b}{\bigcup} \right\rangle = M^{ab}, \quad \left\langle \underset{c\ \ d}{\bigcap} \right\rangle = M_{cd}$$

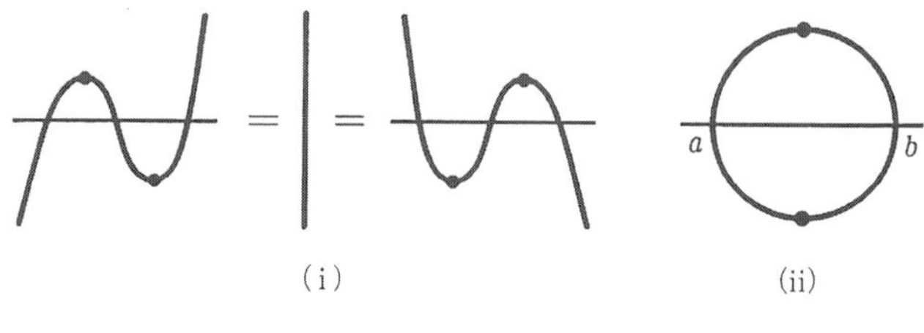

図 5.6

とおく．簡単のため $M^{ab} = M_{ab}$ と仮定しよう．カウフマンのブラケット多項式は

$$\langle \bigcirc \rangle = d = -A^2 - A^{-2}$$

となっていたので，図 5.6 (ii) で分配関数を計算すると，

$$\sum_{a,b} M_{ab}^2 = d \tag{5.7}$$

が満たされていなければならない． また，図 5.6 (i) の状況を考えると，これらは同じになっていなければならないので，行列 M を

$$M = \begin{pmatrix} M_{++} & M_{+-} \\ M_{-+} & M_{--} \end{pmatrix}$$

で定義すると，分配関数が一致するという要請から

$$M^2 = I \tag{5.8}$$

が成立していなければならないことがわかる．

$$M = \begin{pmatrix} 0 & iA \\ -iA^{-1} & 0 \end{pmatrix}$$

とおくと，条件 (5.7) と (5.8) をともに満足する行列が得られる．

このように M を決めると，式 (5.5) から

$$\left\langle \begin{smallmatrix} a & & b \\ & \times & \\ c & & d \end{smallmatrix} \right\rangle$$

の値を求めることができる．たとえば，

$$
\begin{aligned}
\left\langle \times \right\rangle &= A\left\langle \,)(\, \right\rangle + A^{-1}\left\langle \asymp \right\rangle \\
&= A + A^{-1}M_{-+}^{\,2} \\
&= A - A^{-3}
\end{aligned}
$$

と計算される．この 16 通りの値を表 5.9 a のようにまとめてみよう．表に示した 5 通りの場合以外の 11 通りの場合の値は，すべて 0 である．これは，4 行 4 列の行列の形

表 **5.9 a**

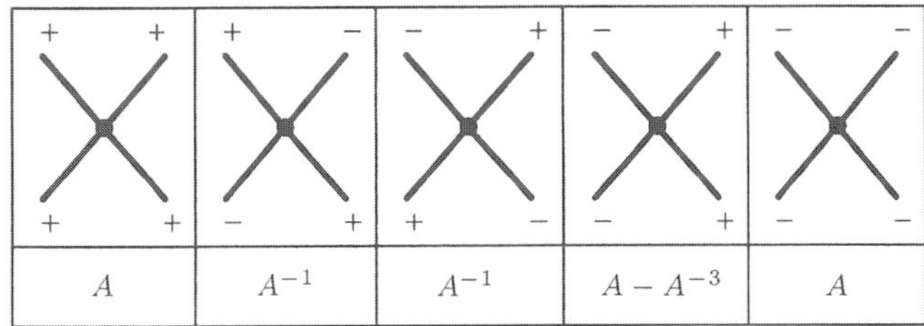

表 **5.9 b**

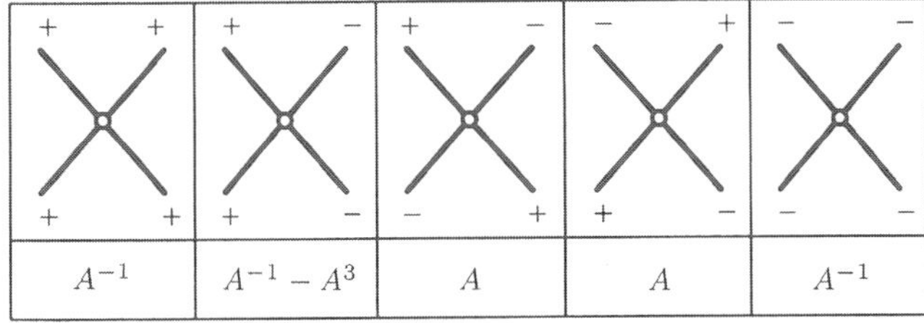

表 **5.9 c**

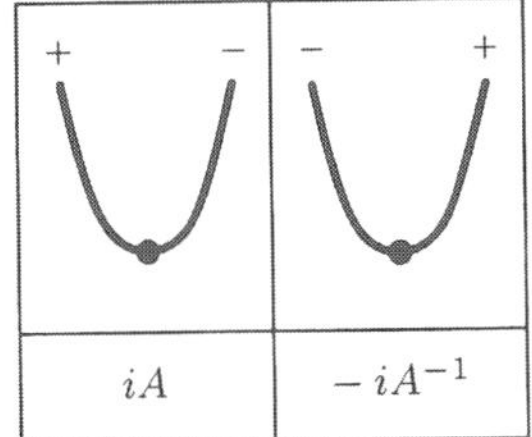

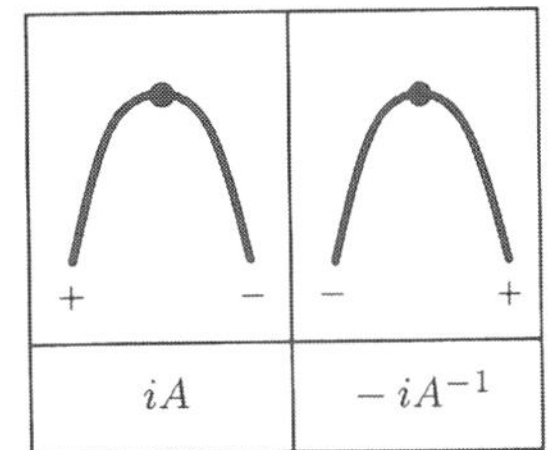

$$\begin{pmatrix} A & 0 & 0 & 0 \\ 0 & 0 & A^{-1} & 0 \\ 0 & A^{-1} & A - A^{-3} & 0 \\ 0 & 0 & 0 & A \end{pmatrix} \tag{5.10}$$

にまとめることもできる．行，列の成分とも

$$(++),\ (+-),\ (-+),\ (--)$$

の順に並べてある．この行列は，物理学者テンパリーとリーブによって発見されていたものである．

負の交差についても同じように計算すると，ボルツマンウェイトは表 5.9 b のように計算される．これを行列にまとめると，

$$\begin{pmatrix} A^{-1} & 0 & 0 & 0 \\ 0 & A^{-1} - A^{3} & A & 0 \\ 0 & A & 0 & 0 \\ 0 & 0 & 0 & A^{-1} \end{pmatrix} \tag{5.11}$$

となる．これは，正の交差に対応する行列の逆行列であることに気づく．

● ライデマイスター移動に関する不変性とヤン-バクスター方程式

このようにボルツマンウェイトを定義することによって得られるリンクダイアグラムのグラフの分配関数が，ライデマイスター移動 II, III で不変であることを検証してみよう．まず，ライデマイスター移動 II を調べてみよう．図 5.12 のように，外側の辺に与えられたステート a, b, c, d は固定する． 内側の辺にステート e, f を決めるごとに，2 つの頂点にボルツマンウェイトが表 5.9 のように与えられるので，これらの積をとりさらにステート e, f を動かして和をとってみよう．たとえば図に示したように，$a = c = +$, $b = d = -$ のとき，2 つのボルツマンウェイトの積が 0 にならないのは，$e = -$, $f = +$ のときに限る．この場合，それぞれの頂点に与えられるボルツマンウェイトは，それぞれ A^{-1}, A で，これらの積は確かに 1 となる．この計算をよく観察すると，結局，行列 (5.10) と行列 (5.11) とが互いに逆行列の関係にあることを確かめたことになっている．

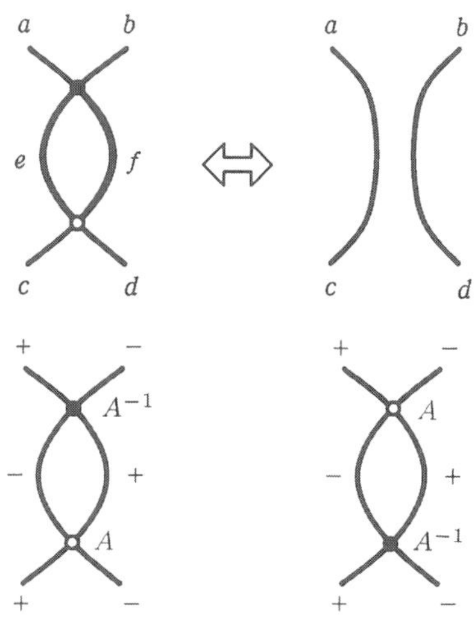

図 5.12

このように，図 5.12 のようなダイアグラムは行列の積の演算を図式的に示したとも解釈することができる．

次にライデマイスター移動 III について調べてみよう．図 5.14 のように，外側のステート a,b,c,d,e,f は固定して，p,q,r,s,t,u は $+$，$-$ すべての可能性を動かして，分配関数が等しいことを見ればよい．

図にいくつかの計算例を示した．今度は，a,b,c のとりうるステートは 8 通りあるので，8 行 8 列の行列の積を計算していることになる．ここで

$$\left\langle \overset{a\ \ b}{\underset{c\ \ d}{\times}} \right\rangle = R^{ab}_{cd}$$

とおいて，この関係を記述すると

$$\sum_{pqr} R^{ab}_{pq} R^{qc}_{rf} R^{pr}_{de} = \sum_{stu} R^{bc}_{su} R^{as}_{dt} R^{tu}_{ef} \tag{5.13}$$

となる．左辺は，p,q,r をそれぞれ $+$，$-$ の 8 通りの場合を動かしたときの和である．これは，**ヤン-バクスター方程式**とよばれる重要な関係式である．ライデマイスター移動 III に関する不変性は，行列 (5.10) がヤン-バクスター方程式の解であることを意味している．

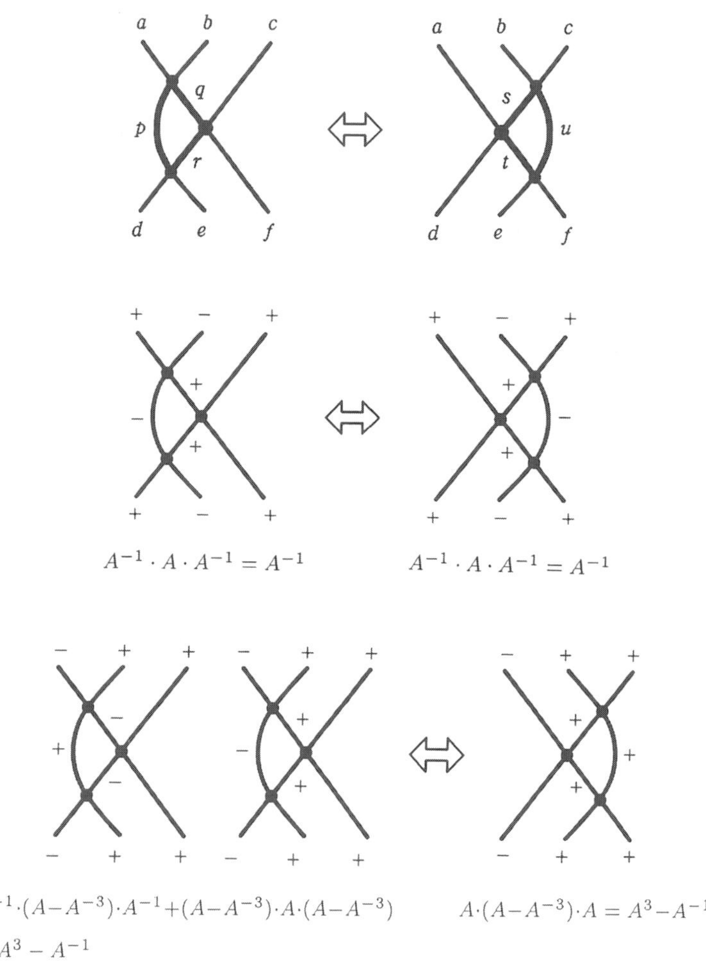

図 5.14

ライデマイスター移動 I についても，図 5.15 のように計算すると，ねじれを表す $-A^3$ の項がでることがわかる．

● 分配関数としてのブラケット多項式

ここで得られた分配関数が，カウフマンのブラケット多項式と一致することを説明しよう．分配関数は，リンクダイアグラムを横に切って構成されている．こ

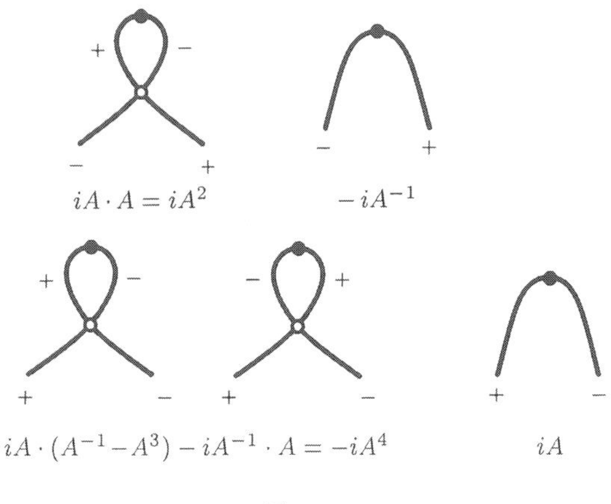

図 5.15

のような切り方はいろいろありうるので，分配関数がリンクの不変量であることを示すには，ライデマイスター移動のみでなく，ダイアグラムを横に切っていく方法にもよらないことを示しておく必要がある．たとえば，ライデマイスター移動 II でも，切り方を変えると図 5.16 に示すように異なった表示が得られることに注意しよう．

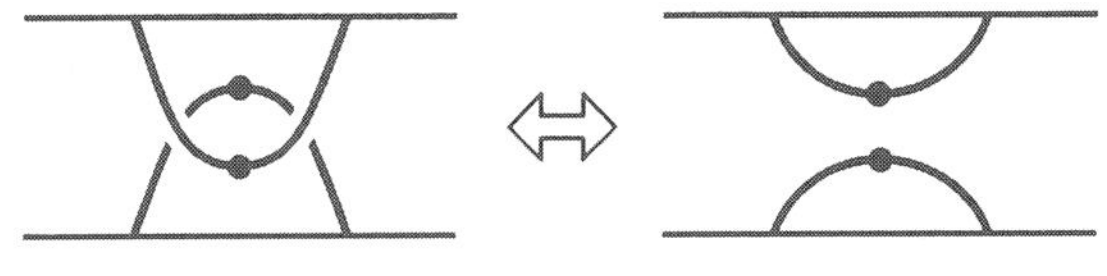

図 5.16

第 2 話でおこなった考察を，リンクダイアグラムと水平線の相対的な位置関係まで考えに入れて精密化すると，ライデマイスター移動 II, III に加えて，図 5.17 に示す変形で不変であることを示せば十分であることがわかる．詳しい考察は，読者に委ねることにしよう．さらに，分配関数は，第 4 話の関係式 (4.13) を満たしているので，カウフマンのブラケット多項式と一致していることがわかる．

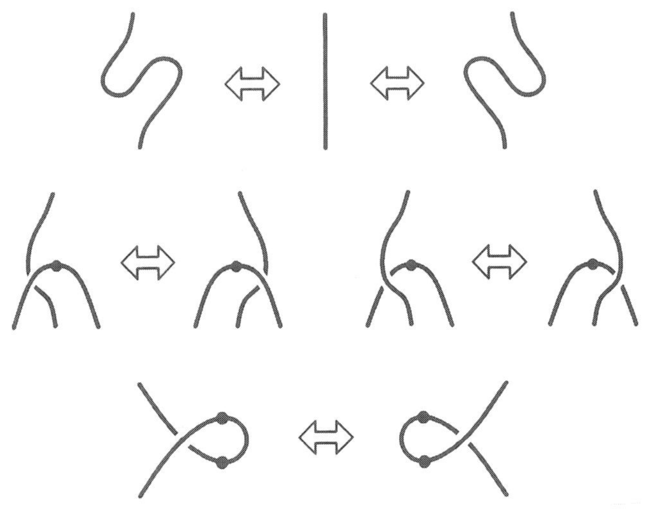

図 5.17

● 組みひも群の行列表現

上で示したヤン-バクスター方程式の解は，8 行 8 列の行列 X_1, X_2 で，組みひも関係式

$$X_1 X_2 X_1 = X_2 X_1 X_2$$

を満たすものを与えている．このように，組みひも σ_i $(1 \leq i \leq n-1)$ に行列 X_i $(1 \leq i \leq n-1)$ を対応させ，組みひも関係式

$$X_i X_{i+1} X_i = X_{i+1} X_i X_{i+1}$$
$$X_i X_j = X_j X_i, \quad |i-j| > 1$$

を満たすようにしたものを，組みひも群の**行列表現**とよぶ．今回の構成をふりかえってみると，n 本のひもからなる組みひも群 B_n の 2^n 行 2^n 列の行列表現が構成されたことになる．リンクダイアグラムを図 5.1 のように輪切りにしてみると，点の生成消滅，組みひもに，それぞれ行列が対応していることがわかる．つまり，リンクダイアグラムを構成する際の基本操作が，行列によって表現されたことになる．

第6話

ディラックのストリングゲームとベルトのトリック

今回は，ディラックの創案したストリングゲームについて解説する．ディラックは，これを回転群の2価性の直観的な説明に用いた．このことについては次回に説明することにして，ここではディラックゲームとは何か，さらに，球面の組みひもとの関連，ベルトのトリックについて述べよう．

● ゲームの規則

まず，3本のひもの片方の端を固定し，もう一方の端に図6.1のようにカードをとりつける．このカードには，表裏の区別がわかるように色をつけておく．こ

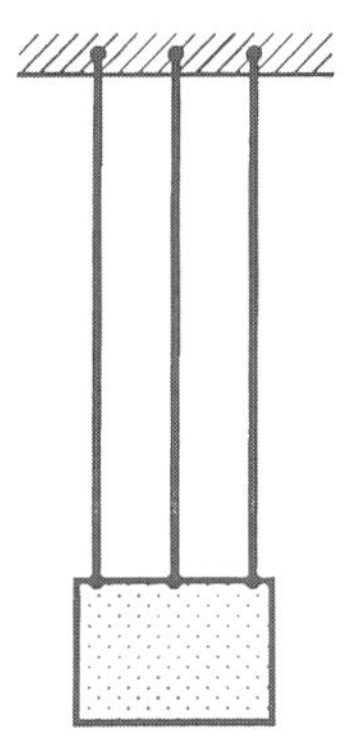

図 6.1

こでは，表面を白，裏面を黒としておこう．カードを図6.2のようにひもの間をくぐらせたり回転させたりすると，さまざまな組みひもを作ることができる．

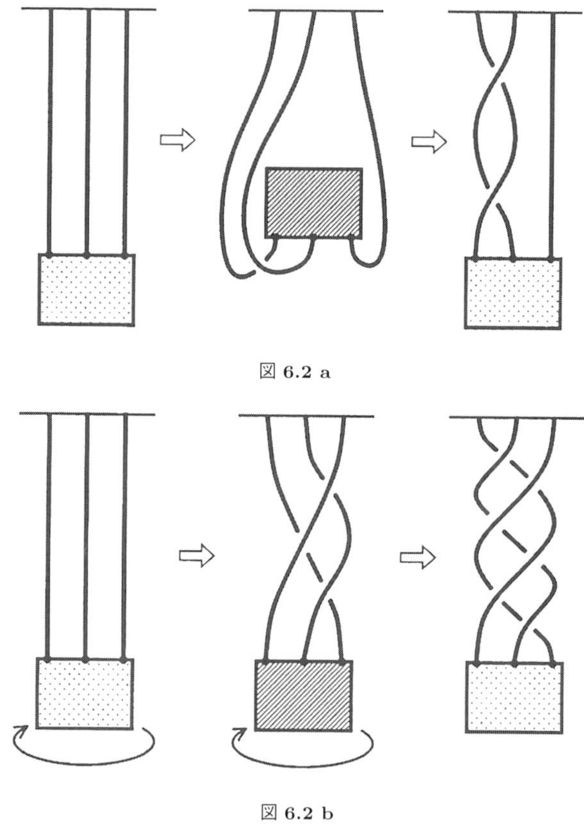

図 6.2 a

図 6.2 b

ディラックのストリングゲームとは，次のようなものである．まず，上のような方法で組みひもを用意する．これを解いて，もとのまっすぐな3本のひもにもどしていくのであるが，その際，ゲームの規則として，カードを裏返すことは許さず，図6.3のように，カードは表のままにして，あるひもをひっぱってカードの下をくぐらせる操作だけで，まっすぐな3本のひもにもどせるかというのが問題である．図6.4（84ページ）に示した組みひもは，いずれも，このような操作だけで解くことができる．実際に解いていくプロセスは図示されているとおり

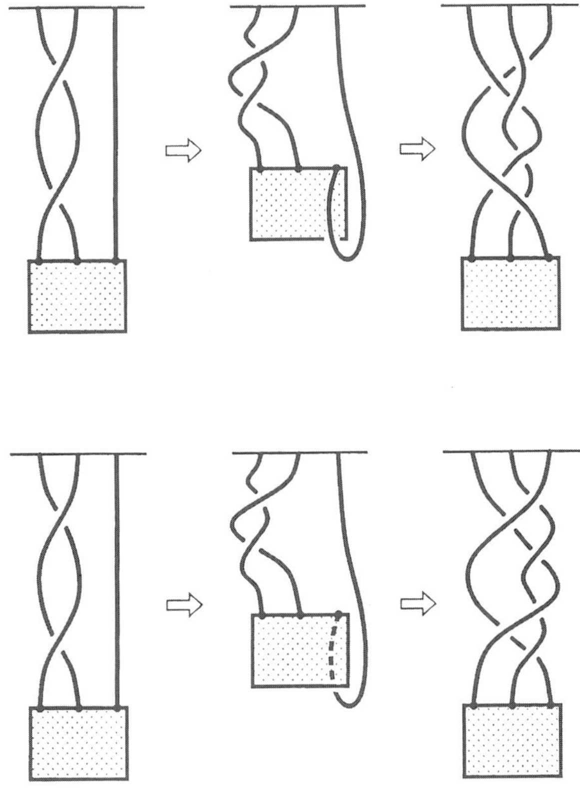

図 6.3

である．一般に n 本のひもからなる組みひもを与えて，上のような操作のみで，自明な組みひも，つまり，まっすぐな n 本のひもにもどせるか，というのがディラックの問題である．

図 6.4 の一番左は，カードを 2 回転（720 度回転）させて得られる組みひもである．上のゲームの規則に従って，まっすぐな 3 本のひもにもどしていく操作を図 6.4 に示した．この方法では，5 回のステップで解かれている．ひもの本数は何本でも，同じように解くことができる．4 本以上の場合の考察は，読者に委ねることにしよう．

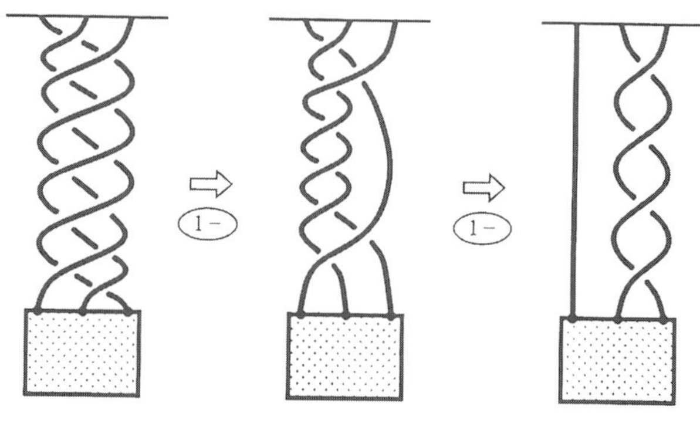

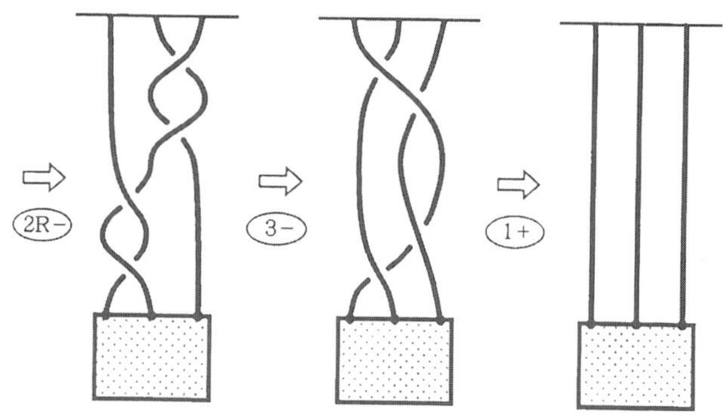

図 **6.4**　それぞれのステップでの操作を図 6.5 の組みひもの記号で示した.

● ディラックゲームで解けない組みひも

それでは，カードを 1 回転（360 度回転）させて得られる図 6.2 b の組みひもはどうであろうか．実は，この組みひもは，上のディラックのストリングゲームの操作では，けっして解くことができない．なぜ解けないかを考えてみることにしよう．

組みひものダイアグラムのそれぞれのひもに，下向きの矢印をつけることにする．交差点には図 2.20（23 ページ）の 2 通りのパターンが現れるが，第 2 話と同じように，左側の方を正の交差点，右側の方を負の交差点とよぶことにしよう．

組みひもについて，そのダイアグラムに含まれる正の交差点の個数から負の交差点の個数を引いたものを，**ねじれ数**とよぶ．

同じ組みひもについては，ねじれ数の値も同じである．一般に，ひもを連続的に動かしていくことは，ライデマイスター移動とよばれる局所的な変形のくりかえしで表されることは，第2話で説明した．組みひもの変形においては，ライデマイスター移動 I に対応する操作はおきえない．また，それ以外の操作では，ねじれ数は変化しないことが容易にわかる．ねじれ数は，組みひもに対して定義される基本的な量である．たとえば，2 本のひもからなる組みひも群 B_2 については，図 1.15（10 ページ）で説明したように，組みひもはねじれ数だけで完全に決定されてしまう．

さて，ストリングゲームにもどろう．ディラックのストリングゲームの基本操作を，組みひものダイアグラムで表してみよう．1 本目のひもをひっぱってカードの下をくぐらせる操作は，図 6.5 a の 2 通りの組みひもで表される．これらのねじれ数は，それぞれ -4 と 4 である．3 本目のひもについても同様で，図 6.5 b のように，2 通りの場合がおきる．また，2 本目のひもについては，図 6.5 c の 4 通りの場合がおきる．これらのねじれ数は，いずれも 4 または -4 の値をとる．ディラックのストリングゲームにおける基本操作をおこなうことは，もとの組みひもの下に，図 6.5 に示された組みひものいずれかをつないでいく操作に対応している．たとえば，図 6.4 左上の 720 度回転に対応する組みひもは，図 6.4 に示したように，5 回のステップで解くことができたが，各々のステップを組みひもで表すと図 6.6（87 ページ）のようになる．この 5 つの組みひもをつなぎあわせたものが，720 度回転の組みひもの逆元になるわけである．

図 6.2 b の 360 度回転に対応する組みひもについて考えてみよう．この場合のねじれ数は，6 である．ところが，上に見たように，ディラックのストリングゲームにおいては，それぞれの基本操作で，ねじれ数は 4 増えるか，あるいは 4 減るので，ねじれ数を 0 にすることは，けっしてできない．したがって，組みひもをこの操作で解くことはできないことが示された．720 度回転に対応する組みひもについては，ねじれ数は 12 になっている．もちろん，一般には，ねじれ数が 4 の倍数になっていても，ディラックのストリングゲームの操作で解くことができるとは，この議論だけでは結論できない．

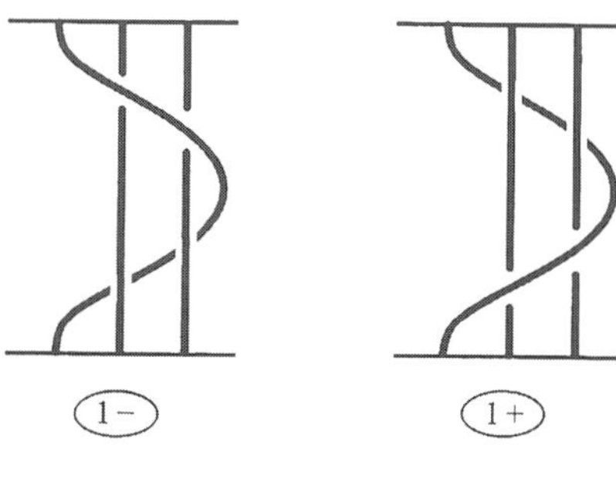

図 6.5 a

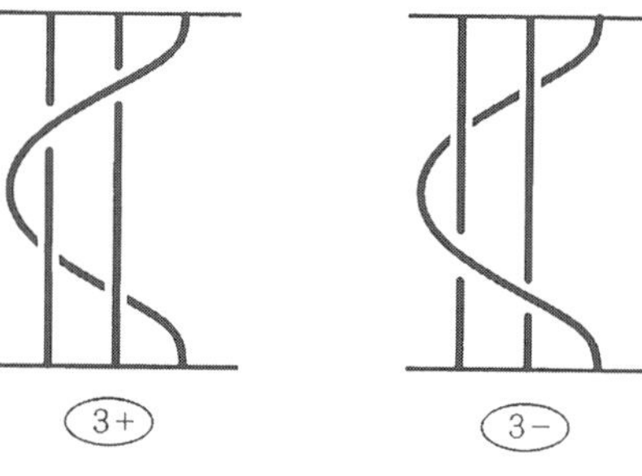

図 6.5 b

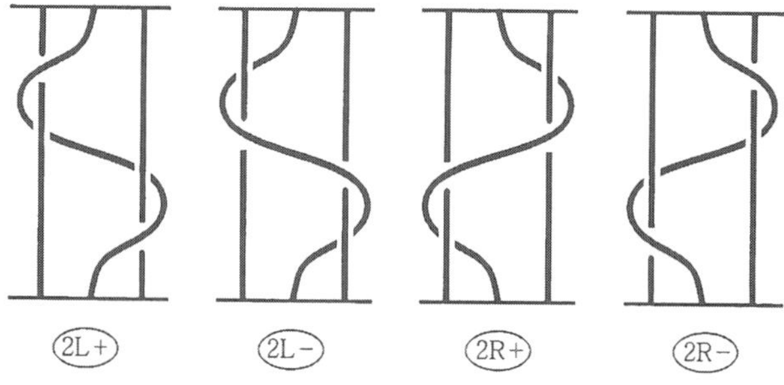

図 6.5 c

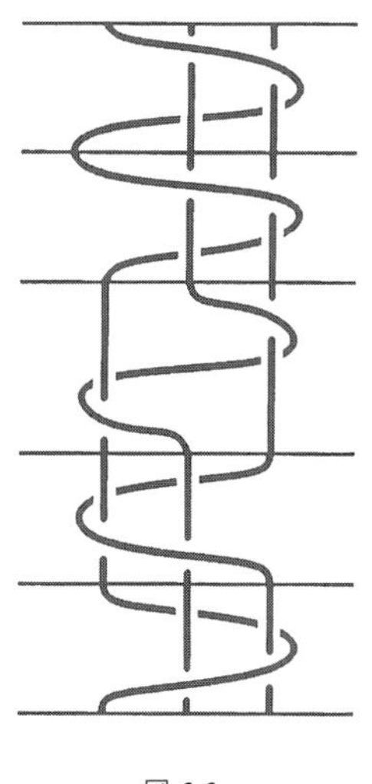

図 6.6

● ニューマンの結果

1940 年代の初め，ニューマンによって巻末にあげた論文 [N] で，ディラックのストリングゲームが組みひも群の理論の枠組みでとらえられた．ニューマンによって証明された結果は，次のように述べることができる．ただし，360 度回転を 1 回転と数えることにする．

> 3 本以上のひもからなる組みひもで，偶数回の回転に対応するものはディラックのストリングゲームの操作で解くことができるが，奇数回の回転の組みひもはこの操作では解くことができない．

2 本の組みひもの場合は例外で，必ず解くことができる．3 本の場合については，上で説明したとおりである．4 本以上の場合について，360 度回転の組みひもが解けないことを証明してみよう．奇数回転の場合，議論は同じである．4 本の場合について，上で説明した 3 本のときと同じ議論を試みると，360 度回転の組みひものねじれ数は 12，またストリングゲームの 1 回のステップで合成される組みひものねじれ数は 6 か -6 である．したがって，この議論では解けないことを示すことはできない.

そこで，次のように考えてみる．まず，360 度回転の 4 本の組みひもを用意し，4 本目だけ別の色にぬっておく．さて，この 4 本の組みひもが，ストリングゲームの操作で解けたとしよう．このうち，4 本目は無視して初めの 3 本のひものみに注目すると，これは 3 本のひもの 360 度回転の組みひもと同じである．したがって，この操作で 3 本のひもの動きのみをながめると，360 度回転の 3 本の組みひもが解けたことになる．これは矛盾である．よって，4 本の 360 度回転の組みひもは，ストリングゲームで解くことはできない.

ここまで考えると，一般的な証明に到達するのは容易である．もし，n 本のひもからなる 360 度回転の組みひもがストリングゲームで解けたと仮定しよう．このうち，3 本のみに注目すると，3 本のひもの 360 度回転も解けることになる．したがって矛盾が生じ，証明が完成する.

● 球面の組みひも

ひもをひっぱってカードの下をくぐらせる操作の意味をもう少し深く考えてみよう．第 1 話で説明した組みひもは，平面上のいくつかの点が互いに衝突することなく動きまわる様子を，時間を縦軸にとって図示したものとみなすことができた．ここで，平面のかわりに球面を考えその上を動きまわる点を記述するとどうであろうか．見やすくするため，時刻 0 での点の位置を図 6.7 の外側の大きな球面の上にプロットし，また，時刻 1 での点の位置を内側の小さな球面の上にプロットする．そして，時刻 0 から 1 まで，点の動く様子を，図 6.7 のように曲線で表すことにしよう.

たとえば，図 6.5 の組みひもはいずれも，第 1 話の意味の組みひもとしては解けないが，これを**球面の組みひも**とみるとひもが球の下をくぐりぬけて，3 本のまっすぐな組みひもと同じとみなすことができる．実は，ディラックのストリングゲームによって組みひもが解けるかどうかという問題は，それを球面の組みひもとみなしたとき自明かどうかという問題に，言い替えることができる.

● ベルトのトリック

まず，図 6.8 a（90 ページ）のように幅のある細長いベルトを用意しよう．いままでと同じように，表面は白，裏面は黒に色分けされているとする．ベルトの

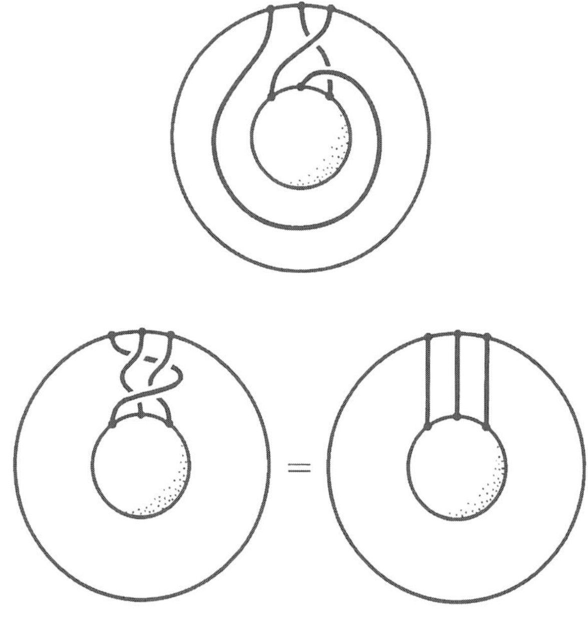

図 6.7

端には，表裏の区別のできるカードをつりさげておく．ディラックゲームのときと同じように，カードの表は白，裏は黒であるとしよう．まず，カードを左向きに 360 度回転して，図 6.8 b の状況を考える．これから出発して，図 6.8 c のように，ベルトを動かしてカードの下をくぐらせる．ただし，このとき，カードは裏返すことなく表の面が見える状態でくぐらせる．結果として，図 6.8 d の状況が得られる．これも，やはり，360 度ひねられたベルトであるが，ねじれの向きが反対になっていることに注意しよう．はじめのベルトが左向きにねじれていたのに対し，今度のベルトは右向きにねじれている．このことは，カードの下をくぐらせる操作で，ベルトのねじれが 720 度変わったことを意味する．これは簡単にできる実験なので，読者自身ぜひ試してみられることをお勧めする．

たとえば，次のような場面を想像してみてもよい．まず腕を左向きに 1 回ひねって，皿を持つ．そして，皿を上に向けたまま，体をうまく動かして，今度は，腕が右向きに 1 回ひねられた状態にもっていくのである．

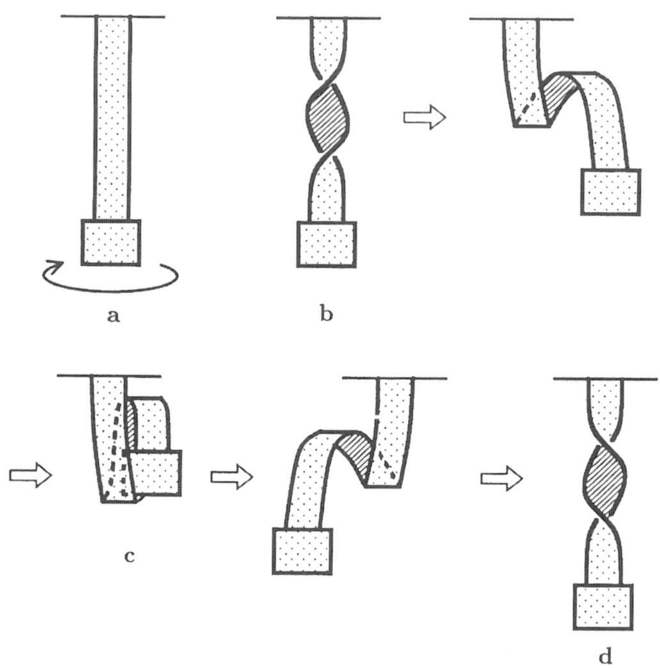

図 6.8

さて，話をもとへもどそう．ベルトがカードの下をくぐる 1 回の操作で，ねじれが 720 度変わったということは，図 6.9 のように 2 回ねじったベルトから出発して，カードの下をくぐらせると，ねじれのないまっすぐなベルトが得られることを意味している．

ここで，ベルトの上に縦に，何本かの平行線をひいておこう．たとえば 3 本の線をひいてみる．ベルトをねじった図は，この平行線をひもとする組みひもとみなすことができる．したがって，いまのカードの下をくぐらせる操作は，720 度回転に対応する組みひもに対して，3 本のひもを同時にカードの下をくぐらせることにほかならない．このようにすると，1 回のステップで，まっすぐな 3 本のひもにもどすことができる．これは，何本の組みひもでも通用する方法である．図 6.4 の 5 つのステップの操作は，3 本のひもをこのように同時に動かす操作を，1 本ずつカードの下をくぐらせる操作に分解したものと理解することができる．

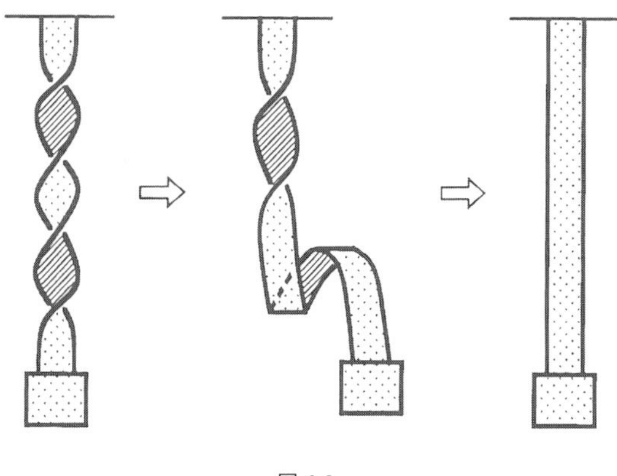

図 6.9

● 3 本の球面組みひもの 12 個のパターン

3 本のひもからなる球面の組みひもについて，もう少し詳しく考察してみよう．いま，

$$x = \sigma_1, \quad y = \sigma_1\sigma_2$$

とおこう．球面の組みひもとして，関係式

$$x^4 = e, \quad y^6 = e, \quad x^2 = y^3 \tag{6.10}$$

が成立している．ここで，e は単位元を示す．それぞれの関係式について説明しよう．まず，$y^6 = e$ は，720 度回転の組みひもがディラックのストリングゲームで解けることを表している．次に，$x^4 = e$ に対応する図式は，図 6.4 の途中のステップに現れているものと同じタイプである．関係式 $x^2 = y^3$ は，図 6.11 に示したとおりである．これらの 2 つの組みひもはディラックのストリングゲームでうつりあうことができる．

さらに，

$$\sigma_1^{-1} = x^3, \quad \sigma_2 = x^{-1}y = x^3y, \quad \sigma_2^{-1} = y^{-1}x = y^5x$$

に注意すると，3 本のひもからなる球面の組みひもは，x, y のいくつかの積で表せることがわかる．

もうひとつの関係式として，

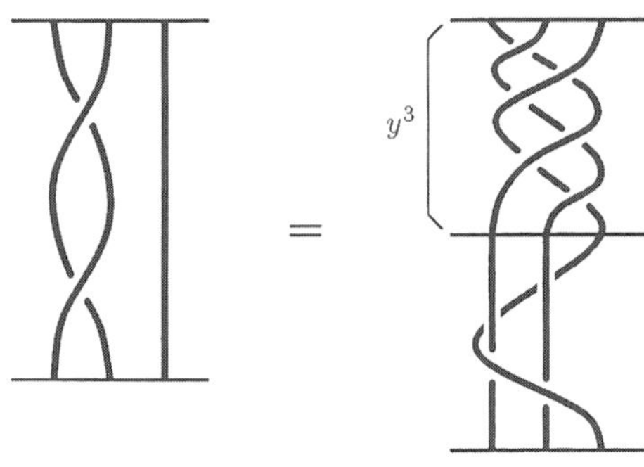

図 6.11

$$yx = xy^{-1} \tag{6.12}$$

がある．図 6.7 のように，球面の組みひもとしては

$$\sigma_1\sigma_2\sigma_2\sigma_1 = e$$

であった．これを用いると，

$$x^{-1}yx = \sigma_2\sigma_1 = (\sigma_1\sigma_2)^{-1}$$

となり，上の関係式 (6.12) が示された．これらの関係式を用いて，与えられた組みひもをなるべく簡単な形にしてみよう．まず例として

$$xyxyyx = xxyx = xxxy^{-1} = xyy$$

を見よう．それぞれのステップでどの関係式を用いたのかを観察してみてほしい．このように，関係式 (6.12) を用いて，y を右側の方によせていくことができて，最終的には，

$$x^a y^b, \quad a = 0, 1, \quad b = 0, 1, 2, 3, 4, 5$$

の形に整理することができる．ここで，文字の 0 乗は単位元を表す．このようにして，3 本のひもからなる球面の組みひも群は，12 個の要素からなることがわかった．言い替えると，3 本のひもからなる組みひもに対して，ディラックのストリングゲームの規則で，この 12 個のパターンのいずれかにできることがわかった．

第7話

組みひもと 4 元数
スピノールの存在

前回説明したベルトのトリックは，実はスピノールの存在と関連している．ここでは，ハミルトンの 4 元数を組みひもで表示することにより，このあたりの事情を解説する．まず，ベクトル積の説明から始め，3 次元空間の原点を中心とする回転を 4 元数で表現することを述べる．

● ベクトル積

図 7.1 のように，3 次元空間の 2 つのベクトル $\boldsymbol{u}, \boldsymbol{v}$ について，右ねじ方向で，長さが $\boldsymbol{u}, \boldsymbol{v}$ のはる平行 4 辺形の面積に等しいベクトルを考え，これを $\boldsymbol{u}, \boldsymbol{v}$ のベクトル積とよんで

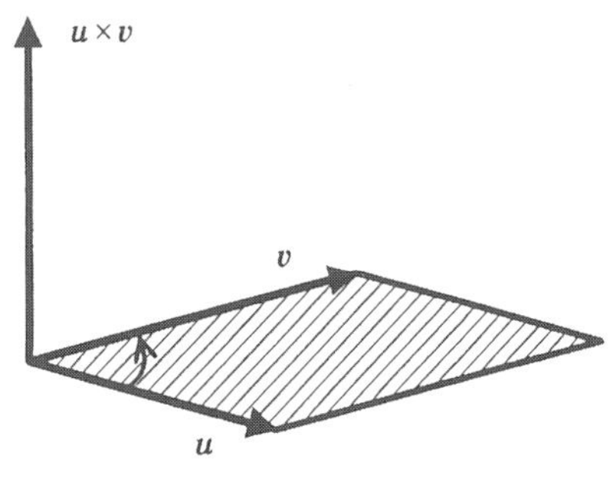

図 **7.1** ベクトル積

$$\boldsymbol{u} \times \boldsymbol{v}$$

と書く．3 次元空間の単位ベクトルを $\boldsymbol{e}_1, \boldsymbol{e}_2, \boldsymbol{e}_3$ とすると

$$\boldsymbol{e}_1 \times \boldsymbol{e}_2 = \boldsymbol{e}_3, \quad \boldsymbol{e}_2 \times \boldsymbol{e}_3 = \boldsymbol{e}_1, \quad \boldsymbol{e}_3 \times \boldsymbol{e}_1 = \boldsymbol{e}_2 \tag{7.2}$$

となる．また，$\boldsymbol{u} \times \boldsymbol{v} = -\boldsymbol{v} \times \boldsymbol{u}$ であることに注意しよう．ベクトル $\boldsymbol{u}, \boldsymbol{v}$ を成分で表示して，

$$\boldsymbol{u} = u_1\boldsymbol{e}_1 + u_2\boldsymbol{e}_2 + u_3\boldsymbol{e}_3, \quad \boldsymbol{v} = v_1\boldsymbol{e}_1 + v_2\boldsymbol{e}_2 + v_3\boldsymbol{e}_3$$

と書き，上の演算規則 (7.2) を用いてベクトル積 $\boldsymbol{u} \times \boldsymbol{v}$ の成分を計算すると

$$\begin{aligned} \boldsymbol{u} \times \boldsymbol{v} = (u_2v_3 - u_3v_2)\boldsymbol{e}_1 + (u_3v_1 - u_1v_3)\boldsymbol{e}_2 \\ + (u_1v_2 - u_2v_1)\boldsymbol{e}_3 \end{aligned} \tag{7.3}$$

が得られる．ベクトル積については，一般に結合法則は成立しないことに注意しておこう．たとえば，$(\boldsymbol{e}_1 \times \boldsymbol{e}_1) \times \boldsymbol{e}_2$ を計算すると $\boldsymbol{0}$ になるが，一方 $\boldsymbol{e}_1 \times (\boldsymbol{e}_1 \times \boldsymbol{e}_2)$ については，結果は $-\boldsymbol{e}_2$ である．また，ベクトル $\boldsymbol{u}, \boldsymbol{v}$ の**内積**を

$$\langle \boldsymbol{u}, \boldsymbol{v} \rangle = u_1v_1 + u_2v_2 + u_3v_3 \tag{7.4}$$

で表すことにしよう．ベクトル $\boldsymbol{u}, \boldsymbol{v}$ の大きさをそれぞれ $|\boldsymbol{u}|$, $|\boldsymbol{v}|$ と書くと，この 2 つのベクトルのなす角を θ として，

$$\langle \boldsymbol{u}, \boldsymbol{v} \rangle = |\boldsymbol{u}||\boldsymbol{v}| \cos\theta$$

とも表される．

● ハミルトンの 4 元数

次に**ハミルトンの 4 元数**とよばれる新しい数を導入する．まず，記号 i, j, k の間に演算規則

$$\begin{gathered} i^2 = j^2 = k^2 = -1 \\ ij = k, \quad jk = i, \quad ki = j \\ ji = -k, \quad kj = -i, \quad ik = -j \end{gathered} \tag{7.5}$$

を考える．これを用いて，たとえば，積 ijk は $(ij)k$ とみなして

$$ijk = kk = -1$$

と計算される．このとき $i(jk)$ とみなして積 jk を先に計算しても同じ結果が得られることに注意しよう．さらに，a, b, c, d を実数として記号

$$a + bi + cj + dk$$

を考え，これらに積を (7.5) を自然に拡張して定義する．たとえば，

$$i(a + bi + cj + dk) = -b + ai - dj + ck$$

のように計算するわけである．このようにして得られる新しい数体系がハミルトンの 4 元数である．複素数の場合と違ってハミルトンの 4 元数は，交換法則を満たさない，つまり積の順序を変えると一般に結果が異なる．4 元数 $x = a + bi + cj + dk$ についてその大きさ（絶対値）$|x|$ を

$$|x| = \sqrt{a^2 + b^2 + c^2 + d^2}$$

と定義する．また，x の**共役 4 元数** $\bar{x}$ を

$$\bar{x} = a - bi - cj - dk$$

とおくと

$$x\bar{x} = |x|^2$$

が成立している．したがって，$|x|$ が 0 でないとすると，逆元が存在して

$$x^{-1} = \frac{\bar{x}}{|x|^2}$$

と表すことができる．

● 鏡映変換と 4 元数

3 次元空間に長さ 1 のベクトル $\boldsymbol{u}$ をとり，このベクトルに直交する平面に関する対称移動を表す変換を $\boldsymbol{R_u}$ と書くことにする．$\boldsymbol{R_u}$ は距離を変えない変換で，$\boldsymbol{R_u}(\boldsymbol{u}) = -\boldsymbol{u}$ となる（図 7.7 参照）．

このような変換は，**鏡映変換**とよばれる．空間のベクトルの内積を用いると，この変換は

$$\boldsymbol{R_u}(\boldsymbol{x}) = \boldsymbol{x} - 2\langle \boldsymbol{u}, \boldsymbol{x} \rangle \boldsymbol{u} \tag{7.6}$$

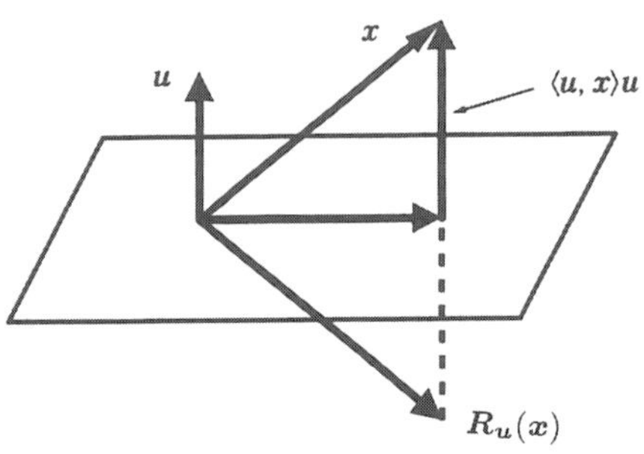

図 7.7 鏡映変換

と表せる．このような鏡映変換と 4 元数との関係を調べてみよう．まず，座標 (a, b, c) で与えられる空間の点を 4 元数

$$ai + bj + ck \tag{7.8}$$

で表示することにする．つまり 4 元数の i, j, k を空間の単位ベクトルとみなすわけである．このように空間の点をある 4 元数と同一視したが，これが空間の点どうしの積を定義するわけではないことに注意しておこう．たとえば，$i^2 = -1$ は，もはやこの空間の点ではない．空間の点を 4 元数とみなしたときの積は，内積およびベクトル積と次のように関係する．上のように i, j, k を 3 次元空間の単位ベクトルとみなして 2 つのベクトル $\boldsymbol{u}, \boldsymbol{v}$ の 4 元数としての積を計算すると

$$\boldsymbol{uv} = -\langle \boldsymbol{u}, \boldsymbol{v} \rangle + \boldsymbol{u} \times \boldsymbol{v} \tag{7.9}$$

となる．これは，積 $\boldsymbol{uv}$ を (7.5) を用いて計算し，(7.3) および (7.4) と比較することにより確かめられる．

このように，一般には 3 次元空間のベクトルの間に 4 元数としての積が定義されているわけではないが，たとえば，4 元数 i を両側から掛けてみると

$$i(ai + bj + ck)i = -ai + bj + ck$$

となり，再び空間の点が得られる．さらに，これは鏡映変換 $\boldsymbol{R}_i$ を表すことを意味している．3 次元空間に長さ 1 のベクトル $\boldsymbol{u}$ をとり，ベクトル $\boldsymbol{x}$ について，積 $\boldsymbol{uxu}$ を計算してみよう．ここで，(7.8) のようにベクトルを 4 元数で表示し，積は 4 元数としての掛け算を意味している．まず，式 (7.9) を用いて

$$\boldsymbol{uxu} = -\langle \boldsymbol{u}, \boldsymbol{x} \rangle \boldsymbol{u} + (\boldsymbol{u} \times \boldsymbol{x})\boldsymbol{u}$$

となるが,

$$\langle \boldsymbol{u} \times \boldsymbol{x}, \boldsymbol{u} \rangle = 0$$

に注意して再び式 (7.9) を用いると

$$\boldsymbol{uxu} = -\langle \boldsymbol{u}, \boldsymbol{x} \rangle \boldsymbol{u} + (\boldsymbol{u} \times \boldsymbol{x}) \times \boldsymbol{u}$$

が得られる．さらに，図 7.10 に示したように

$$(\boldsymbol{u} \times \boldsymbol{x}) \times \boldsymbol{u} = \boldsymbol{x} - \langle \boldsymbol{u}, \boldsymbol{x} \rangle \boldsymbol{u}$$

となるので，結果は

$$\boldsymbol{uxu} = \boldsymbol{x} - 2\langle \boldsymbol{u}, \boldsymbol{x} \rangle \boldsymbol{u}$$

となる．これは，(7.6) で求めた鏡映変換の式にほかならない．

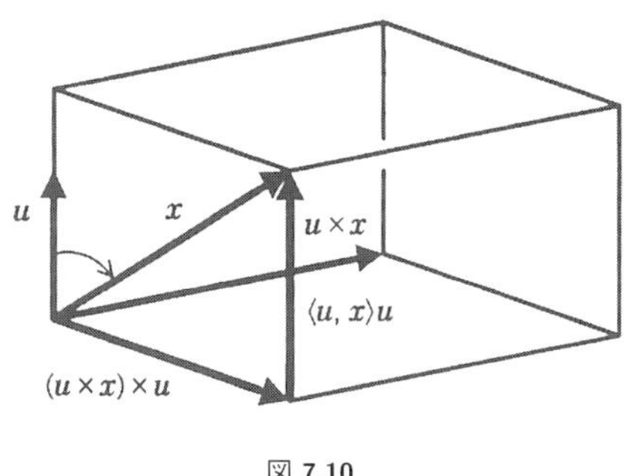

図 7.10

以上をまとめると，次が示されたことになる．

> 4 元数の積を用いることにより，鏡映変換 $\boldsymbol{R_u}$ は
>
> $$\boldsymbol{R_u}(\boldsymbol{x}) = \boldsymbol{uxu}$$
>
> と表される．

● 回転移動と 4 元数

鏡映変換の 4 元数による表示の考え方を応用すると，空間のある軸に関する回転移動をやはり 4 元数を用いて表すことができる．ここでも，空間の点を (7.8)

のように 4 元数で表すことにする．まず長さ 1 の 2 つのベクトル $\boldsymbol{u}, \boldsymbol{v}$ をとり，それらのなす角度を α とおく．鏡映変換 $\boldsymbol{R_u}$ をおこない，引き続いて鏡映変換 $\boldsymbol{R_v}$ をおこなうと，これは結局 $\boldsymbol{u}$ と $\boldsymbol{v}$ に直交する軸に関して，角度 2α 回転したことになっている．これは，図 7.11 のように $\boldsymbol{u}$ と $\boldsymbol{v}$ に直交する方向，言い換えると $\boldsymbol{u}\times\boldsymbol{v}$ の方向から眺めればわかりやすい．

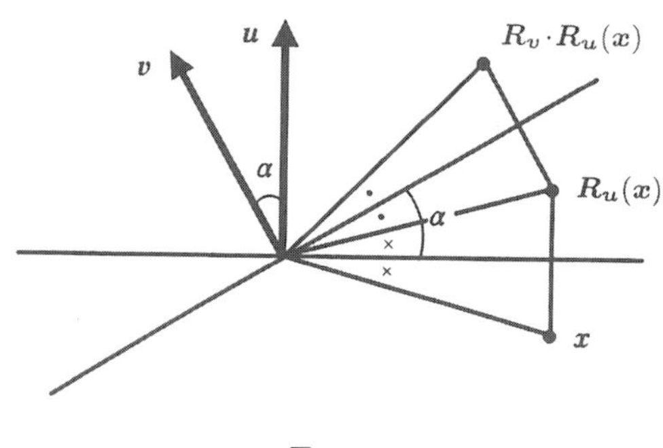

図 7.11

ベクトル積 $\boldsymbol{u}\times\boldsymbol{v}$ の向きの長さ 1 のベクトルを $\boldsymbol{w}$ とおく．

$$\boldsymbol{R_v}\cdot\boldsymbol{R_u}(\boldsymbol{x}) = \boldsymbol{vuxuv}$$

であり，また式 (7.9) より

$$\boldsymbol{uv} = -\cos\alpha + \boldsymbol{w}\sin\alpha, \quad \boldsymbol{vu} = -\cos\alpha - \boldsymbol{w}\sin\alpha$$

が得られることに注意すると，次の結論が導ける．

空間の単位ベクトル $\boldsymbol{w}$ を軸とする角度 θ の反時計回りの回転移動を $\boldsymbol{T}_{\boldsymbol{w},\theta}$ で表すと，

$$g = \cos\frac{\theta}{2} + \boldsymbol{w}\sin\frac{\theta}{2}$$

を用いて

$$\boldsymbol{T}_{\boldsymbol{w},\,\theta}(\boldsymbol{x}) = g\boldsymbol{x}\bar{g}$$

と書ける．ここで，積は 4 元数としての積を示し，また $\bar{g}$ は共役 4 元数を表す．

このように，

$$\cos\alpha + \boldsymbol{w}\sin\alpha, \qquad \boldsymbol{w} = ai + bj + ck, \quad |\boldsymbol{w}| = 1$$

の形の 4 元数が登場する．上のように表された 4 元数について α をその**偏角**とよぶことにする．

この式で，g の偏角が θ ではなく $\frac{\theta}{2}$ である点に注目しよう．例を計算してみよう．3 次元空間の x 軸を回転軸とする反時計回りの 90 度回転を f，y 軸を回転軸とする反時計回りの 90 度回転を g で表そう．上に説明したように，これらはある 4 元数を両側から掛けることにより表現できる．回転 f, g に対応する 4 元数は，それぞれ，偏角が 45 度で

$$\frac{1+i}{\sqrt{2}}, \qquad \frac{1+j}{\sqrt{2}}$$

となる．2 つの回転の合成 $f \circ g$ を考える．対応する 4 元数はこの 2 つの 4 元数の積となり，計算すると

$$\frac{1}{2}(1+i+j+k)$$

である．これは，

$$\boldsymbol{u} = \frac{1}{\sqrt{3}}(i+j+k)$$

とおくと

$$\cos\frac{\pi}{3} + \boldsymbol{u}\sin\frac{\pi}{3}$$

と表せる．このことは，まず回転 g をおこなってから，回転 f をおこなうことは，直線 $x = y = z$ を回転軸とする 120 度回転にほかならないことを意味している．

● 回転群の 2 価性

回転軸 $\boldsymbol{w}$ は固定して回転の角度 θ を 0 度から 360 度まで，連続的に変化させてみよう．そして，回転 $\boldsymbol{T}_{\boldsymbol{w},\theta}$ に対して，上のように決まる 4 元数 $g = \cos\frac{\theta}{2} + \boldsymbol{w}\sin\frac{\theta}{2}$ を対応させる．このとき，対応する 4 元数の偏角が $\frac{\theta}{2}$ であることを思いおこすと，次のような奇妙な現象がおきていることに気づく．回転角が 0 度のときは，対応する 4 元数は 1 である．回転角が増加して 360 度に達すると，回

転移動としては恒等変換で回転角が0度の場合と同じである．それにもかかわらず，対応する4元数は偏角が180度で -1 となって符号が逆転してしまう．さらに回転角を720度まで増やしてはじめて1にもどるのである．

この現象をもう少し幾何的に説明すると次のようになる．3次元空間の原点を中心とする回転全体を $SO(3)$ と書こう．これは，回転の合成を積と考えることにより群の構造をもつ．$SO(3)$ の要素は，原点を通るある直線を軸とする回転である．このような2つの回転の合成が，原点を通るある直線を軸とする回転で表されることは，先ほど実例で説明した．いま，回転軸は固定して，上のように回転角0度から出発して360度まで増加させてみる．このことは，群 $SO(3)$ の単位元から始めてまた単位元にもどる道を $SO(3)$ 内で描くことに対応する．$SO(3)$ 内のこのループをたどるにつれて絶対値が1の4元数が1つずつ決まっていく．4元数 $a+bi+cj+dk$ で

$$a^2+b^2+c^2+d^2=1$$

を満たすもの全体を S^3 と表し，**3次元球面**とよぶ．上の操作により，回転角を0度から360度まで増加させていくと，対応して S^3 の点1を始点とする道が描かれる．4元数の偏角は0度から180度まで変化するので，この道の終点は -1 である．つまり，$SO(3)$ では閉じた曲線であるにもかかわらず，対応して3次元球面に描かれる道は，その終点が始点とは一致しないのである．回転角をさらに増加させて720度にするとはじめてもとの点1にもどってくる．

このようないわゆる“2価性”の現象を図式的に示したのが図7.12の**メビウスの帯**である．中心線上の点 P から始めて中心線に沿って P にもどるループを考えよう．一方，メビウスの帯の境界の点で P の真上にあるものを Q として，Q を始点とする道を境界上に描いてみよう．P が一周するとき，対応する境界上の道の終点は Q' となり Q とは異なる点である．P が2回転してはじめてもとの点 Q にもどってくる．

回転全体のなす群 $SO(3)$ の2価性は，パウリ，ディラックの理論により1920年代後半の量子力学にはじめて現れた．物理法則はある座標で記述したものと座標変換して別の座標で記述したものは同じであるべきであるという原理があり，そのために座標変換に対して都合よくふるまうベクトル，テンソルなどのいわゆ

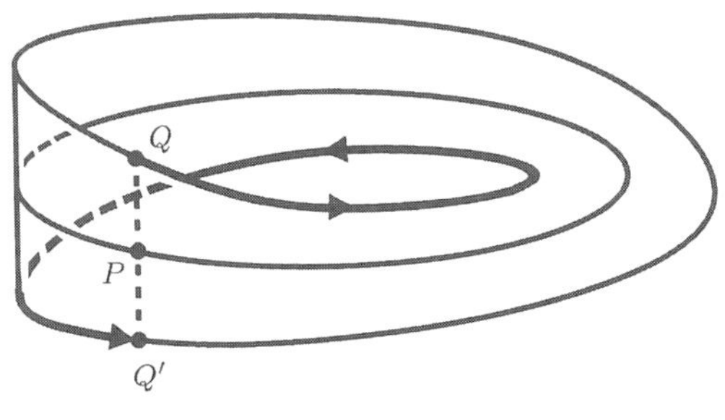

図 7.12

る共変量が扱われてきた．360 度回転すると符号が変わってしまうような量は，一見不適当なものに思える．しかし，量子力学においては，観測される量はその大きさのみで，回転して符号の変わるような量も共変量として取り扱える理論が構成されたのである．このような新しい共変量の仲間は，エーレンフェストによりスピノールと名づけられ，ワイルによる回転群の 2 価表現の理論など数学にも大きなインパクトを与えた．

● 回転をベルトつきで考える

話をもとへもどして組みひもとの関係を見てみよう．まず，3 次元空間の座標軸，x 軸, y 軸, z 軸を回転軸として反時計回りに 180 度まわす回転移動を考え，これらをそれぞれ I, J, K とおく．この 3 種類の回転移動に対して上のようにして決まる 4 元数を求めてみると，偏角は 90 度で，それぞれ，i, j, k となる．180 度のかわりに 540 度を考えても回転移動としては同じである．ところが，540 度を代入して計算してみると，偏角は 270 度で，それぞれ，$-i, -j, -k$ となって符号が反対になってしまう．これが，先に説明した 2 価性の現象である．回転に対応する 4 元数を求めるためには，その回転を変換として見るだけではなく，回転角 0 度から出発してどのような経路をへてその変換に至ったのかという情報までこめて考えなければならない．これが $SO(3)$ の道を指定するということである．

いま，z 軸のまわりの回転について，ある時刻に回転角 0 度から出発して回転角が少しずつ増加して，時刻 1 に 180 度に至る経路を図 7.13 のように示してみよう．外側の球が時刻 0，回転角 0 度に，また，内側の球が時刻 1，回転角 180 度にそれぞれ対応している．

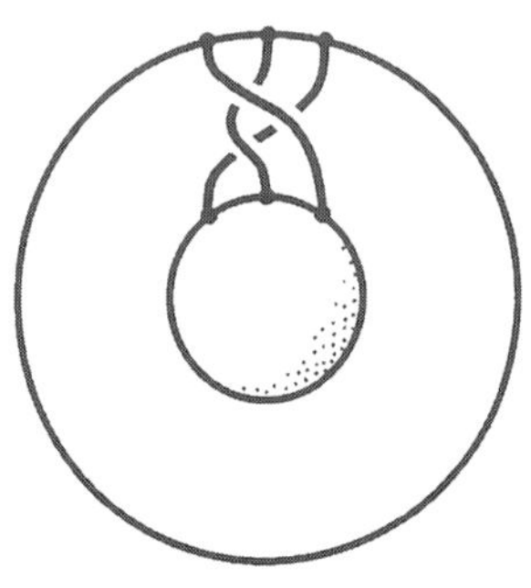

図 7.13

球の上にいくつかの点をとって，それが回転によってどのように移動するかをこの 2 つの球の間に書き込んでみよう．たとえば，回転角 90 度の場合が，2 つの球のちょうど真ん中に図示されている．このようにして，図に示した組みひもができる．あるいは，前回説明したようにねじれたベルトを考えてもよい．この図が，4 元数 k に対応していると考えられる．つまり，z 軸を回転軸とする 180 度回転を，回転角 0 度からの経路もこめてベルトつきで考えたわけである．4 元数 i, j についても x 軸, y 軸を回転軸とするベルトつきの 180 度回転を考えて，図 7.14 のような表示が得られる．以上により，4 元数 i, j, k のベルトによる表示が得られる．

● ベルトのトリック再論

同じようにして，360 度回転，720 度回転を図 7.15 のようにやはりベルトつきで図示してみよう．対応する 4 元数は，それぞれ $-1, 1$ となる．720 度回転が 1 に対応することは，前回説明したベルトのトリックと次のように関係している．2 回ひねりに対応するベルトは，図 6.9（91 ページ）に示したようにベルトをひっぱって内側の球の下をくぐらせることにより，ねじれのないまっすぐなベルトに変形できる．このことは，720 度回転のベルトが本質的には 0 度回転のベルトと同じであることを意味している．一方，-1 に対応する 360 度回転のベルトについては，このような変形が不可能であることは，前回説明したとおりである．これは左回転でも右回転でも同じであることに注意しよう．

回転 I, J, K を変換とみると，関係式

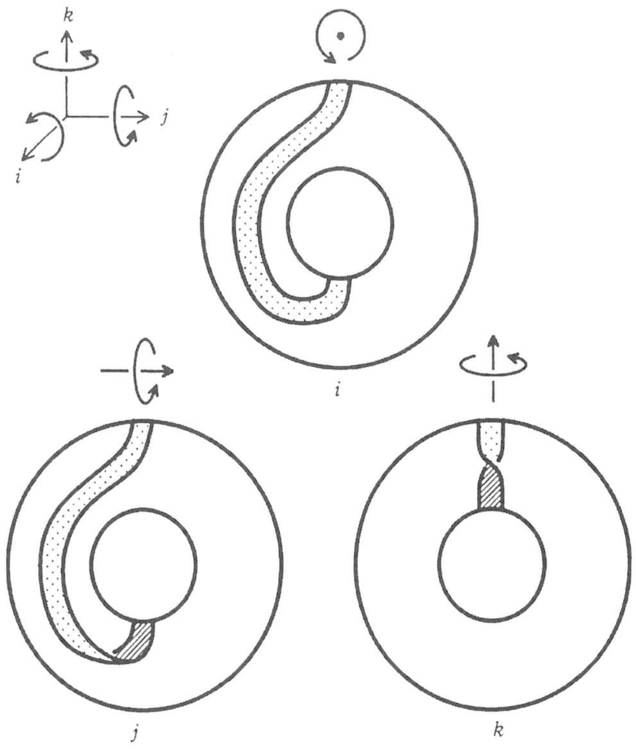

図 7.14

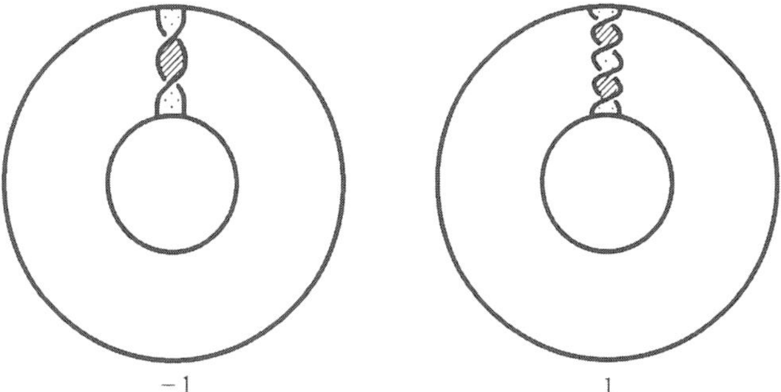

図 7.15

$$I^2 = J^2 = K^2 = e, \quad IJ = JI = K$$

が成立している．ここで，積は回転の合成を示す．たとえば，IJ はまず y 軸中心に 180 度回転してから x 軸中心に 180 度回転することを表している．また，e は恒等変換を示す．この場合には，e, I, J, K の 4 つで群となり，**クラインの 4 元群**とよばれている．

これをベルトつきで考えてみよう．まず，図 7.14 の z 軸を回転軸とする 180 度回転を 2 回合成すると，図 7.15 のような 360 度回転のベルトが得られる．これが -1 に対応することは，4 元数の演算規則

$$k^2 = -1$$

を説明している．回転軸を x 軸，y 軸にとると，図 7.16 のように

$$i^2 = j^2 = -1$$

が説明される．いずれも，360 度回転のベルトが -1 に対応することを用いている．4 元数の演算規則を，このような方法で図示したものが図 7.17（106 ページ）である．それぞれ，

$$ij = k, \quad jk = i, \quad ki = j$$

に対応している．図の読み方に関して，説明しておこう．4 元数の積について，対応する回転移動は右側の方から順におこなっていくとしている．たとえば，一番上の図では，まず j の回転を施してから，i の回転をおこなっている．結果として得られるベルトは，左回りの 540 度回転で，ベルトのトリックによって，これは右回りの 180 度回転つまり k を表すベルトと同じである．

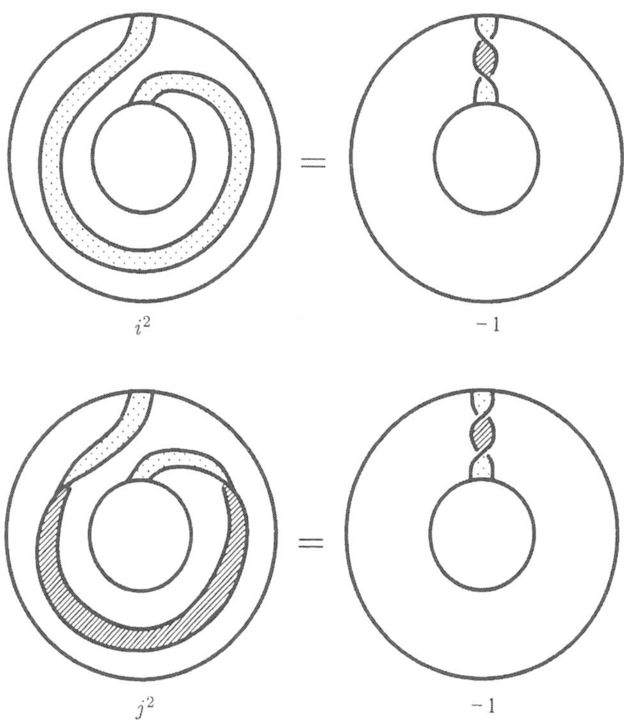

図 7.16

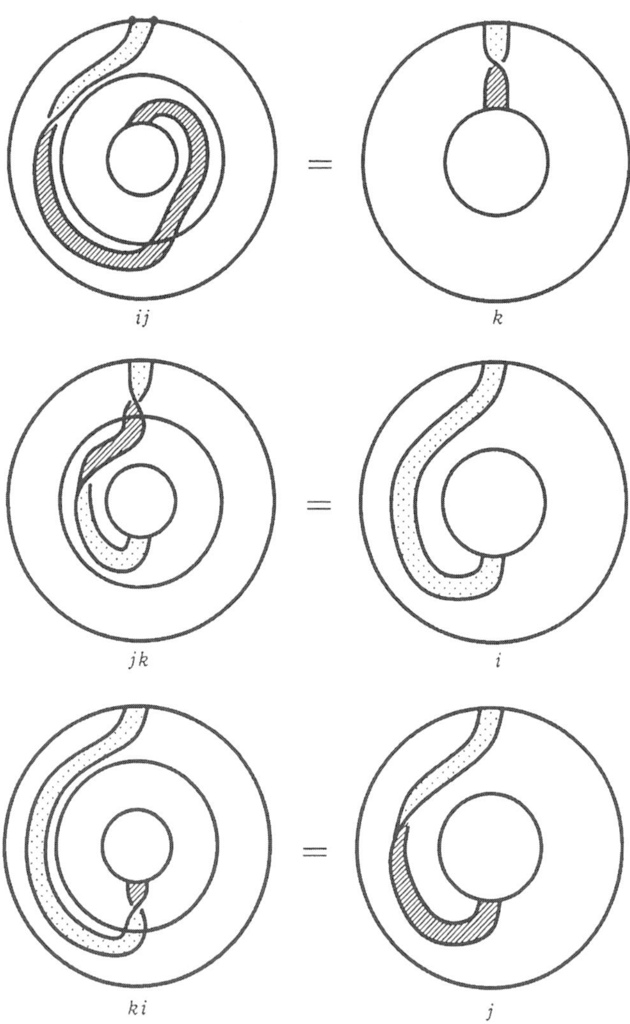

図 7.17

第8話

パウリのスピン行列

組みひもから4次元時空へ

前回，3 次元空間の原点を中心とする回転移動に対して 4 元数を対応させることを説明した．もう一度，図 7.14（103 ページ）を見てみよう．3 つの座標軸についての 180 度回転をベルトつきで考えたものが，それぞれ 4 元数 i, j, k に対応するのであった．3 次元空間の点 (x, y, z) を 4 元数 $xi + yj + zk$ で表示することにしよう．前回見たように 360 度回転に対応する 4 元数は -1 であって，上の表示によると，もとの 3 次元空間の点ではなくなってしまう．このことは 3 次元空間の回転が第 4 の新しい次元をうみだすことを示唆している．実は，これを時間のパラメーターと考えることにより相対論の視点を得ることができる．今回は，このあたりの事情を説明しよう．

● 4 元数の行列表示

4 元数の話の前に複素数の場合を考えてみよう．複素数には，次のようにして実数を成分とする 2 行 2 列の行列を対応させることができるのであった．複素数 $z = x + yi$ を平面の点 (x, y) で表そう．複素数 z に対して i を掛けて zi を得る操作は，平面の点では (x, y) に $(-y, x)$ を対応させる変換として与えられる．これを行列で表すと

$$\begin{pmatrix} 0 & -1 \\ 1 & 0 \end{pmatrix}$$

となる．このように $a+bi$ を掛ける操作が行列

$$\begin{pmatrix} a & -b \\ b & a \end{pmatrix}$$

と表される．とくに，$\cos\theta + i\sin\theta$ に対応するのが θ 回転を表す行列

$$\begin{pmatrix} \cos\theta & -\sin\theta \\ \sin\theta & \cos\theta \end{pmatrix}$$

であった．上の対応で $a+bi$ を表す行列の行列式が a^2+b^2 となり複素数の絶対値の 2 乗を与えることに注意しよう．この考察を 4 元数に拡張してみよう．まず，4 元数 $a+bi+cj+dk$ を $(a+bi)+(c+di)j$ と表す．ここで $a+bi, c+di$ を複素数とみなすと，この表示は 4 元数が 2 つの複素数 z, w を用いて $z+wj$ と書けることを意味している．4 元数 u を右側から掛けて得られる 4 元数 $(z+wj)u$ を $z'+w'j$ と表すと，(z,w) について (z',w') を対応させる変換が求められる．4 元数 $1, i, j, k$ についてこの変換を複素数を成分とする横ベクトルへの作用として行列で表示すると，それぞれ 4 つの行列

$$\begin{pmatrix} 1 & 0 \\ 0 & 1 \end{pmatrix}, \quad \begin{pmatrix} i & 0 \\ 0 & -i \end{pmatrix}, \quad \begin{pmatrix} 0 & 1 \\ -1 & 0 \end{pmatrix}, \quad \begin{pmatrix} 0 & i \\ i & 0 \end{pmatrix} \tag{8.1}$$

が得られる．たとえば，k に対応する行列を求めるには，$1, j$ が k を右から掛ける操作によって，どのようにうつされるかを調べればよい．この操作で，1 は k に，j は jk にそれぞれうつされるが，

$$k = ij, \qquad jk = i$$

に注意すると，上の行列が得られる．この 4 つの行列は，確かに 4 元数の演算規則 (7.5) を満たしている．この方法で 4 元数 $a+bi+cj+dk$ に対応する行列は

$$\begin{pmatrix} a+bi & c+di \\ -c+di & a-bi \end{pmatrix}$$

となる．上の行列の行列式として，4 元数の絶対値の 2 乗 $a^2+b^2+c^2+d^2$ が得られる．

● ローレンツ変換

次に，**ローレンツ変換**について説明しよう．いま，時刻0において原点から出発した光が時刻 t において座標 (x, y, z) で表される点で観測されたとしよう．真空における光の速さを c とすると，関係式

$$c^2t^2 - x^2 - y^2 - z^2 = 0 \tag{8.2}$$

が成立している．空間座標を表す (x, y, z) と時間を表す t を一緒にして，(t, x, y, z) と表すことにしよう．条件 (8.2) を満たす (t, x, y, z) のなす図形を**光錐**とよぶ．これを，空間方向を2次元にして図示してみると図8.3のようになる．

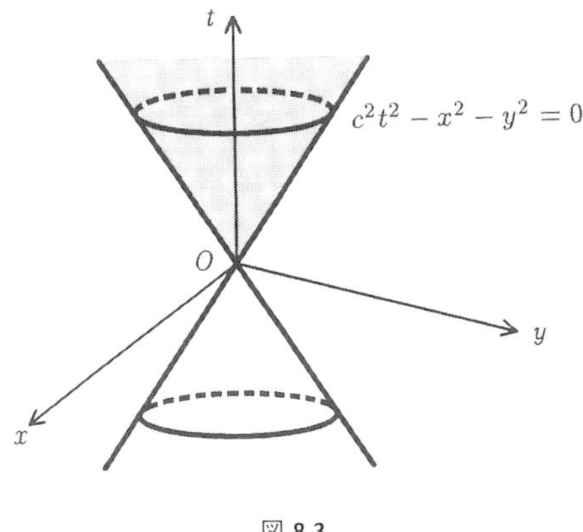

図 8.3

光よりも速い信号は送れないと仮定すると，時刻0において原点でおきたイベントが観測されるのは，図8.3で影を施した光錐の内側のみであって，光錐の外部にいる人にとってはこのイベントを知るすべは全くないことになる．

さて，同じ原点の別の座標系をとり (t, x, y, z) が新しい座標系では (t', x', y', z') と表されているとしよう．この座標系で見ても光の速さは不変であるという前提にたつと

$$c^2t'^2 - x'^2 - y'^2 - z'^2 = 0 \tag{8.2'}$$

が満たされていなければならない．つまり，ここで考える座標変換は，(t, x, y, z) が (8.2) を満たしていれば，変換によって対応する (t', x', y', z') は (8.2′) を満たすようなものでなければならない．

古典力学の観点でこのような時空間の座標変換を考えてみよう．3次元空間で時刻0に原点を出発して x 軸方向に一定速度 v で移動する観測者を考え，この観測者を原点にとって図8.4のようにもとの座標軸と平行な新しい座標軸をとる．もとの座標で (x, y, z) と表される点が新しい座標系で (x', y', z') と表されるとすると，

$$x' = x - vt, \quad y' = y, \quad z' = z$$

が成立する．さらにこれを時空間 (t, x, y, z) 系から (t', x', y', z') 系への変換とみなすと $t' = t$ が付け加わりこれらの4つの式は，2つの時空間の座標系の間の線型変換を与える．つまり，t', x', y', z' はそれぞれ t, x, y, z の関数として定数項を含まない1次式で表されている．上のような変換は，**ガリレイ変換**とよばれている．

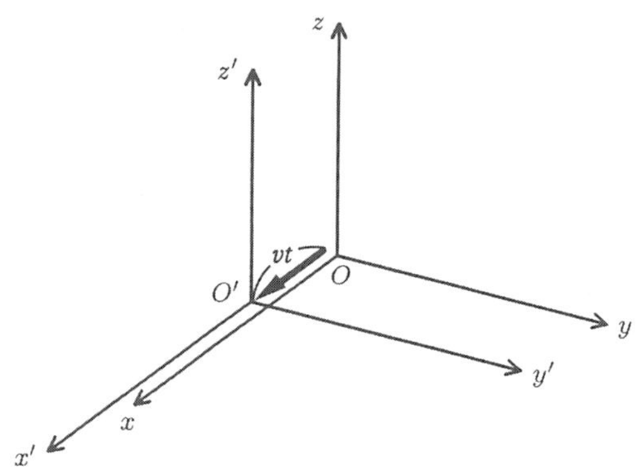

図 8.4

ところがこの変換は，(t, x, y, z) が (8.2) を満たしていれば対応する (t', x', y', z') が (8.2$'$) を満たすという，上に説明した要請に反するものである．ガリレイ変換においては，光を特別視しているわけではなく (t, x, y, z) 系で観測した運動の速度は，(t', x', y', z') 系で観測した速度に比べて x 成分が一律に v だけ大きくなってしまうので，これは当然である．そこで我々の要請を満足する次のような変換を考えよう．

> 4 次元時空の線型変換が
>
> $$c^2t^2 - x^2 - y^2 - z^2$$
>
> を変えないとき，これをローレンツ変換とよぶ.

つまり，ローレンツ変換は (t,x,y,z) が (t',x',y',z') にうつされるとき t',x',y',z' はそれぞれ t,x,y,z の定数項を含まない 1 次式で表され，

$$c^2t^2 - x^2 - y^2 - z^2 = c^2t'^2 - x'^2 - y'^2 - z'^2 \tag{8.5}$$

が成立するような変換である．とくに，$c^2t^2 - x^2 - y^2 - z^2 = 0$ ならば，$c^2t'^2 - x'^2 - y'^2 - z'^2 = 0$ となり上の要請を満足している．これまでは，時刻 0 において原点を出発した光を考えてきたが，一般に時刻 t_0 において点 (x_0,y_0,z_0) を出発した光が時刻 t に (x,y,z) に到達するとすると

$$c^2(t-t_0)^2 - (x-x_0)^2 - (y-y_0)^2 - (z-z_0)^2 = 0$$

が成立する．これをローレンツ変換して (t',x',y',z') 系で見てみよう．(t_0,x_0,y_0,z_0), (t,x,y,z) がそれぞれ (t'_0,x'_0,y'_0,z'_0), (t',x',y',z') にうつされるとすると，線型変換であることから $(t-t_0,\ x-x_0, y-y_0,\ z-z_0)$ は $(t'-t'_0,\ x'-x'_0,\ y'-y'_0,\ z'-z'_0)$ にうつされるので

$$c^2(t'-t'_0)^2 - (x'-x'_0)^2 - (y'-y'_0)^2 - (z'-z'_0)^2 = 0$$

が満たされ，ここでも光速の不変性が成立している.

● パウリのスピン行列とローレンツ変換

それでは，このようなローレンツ変換には具体的にどのような例があるのだろうか．実は 4 元数に対応する行列 (8.1) がローレンツ変換をシステマティックに作り出す方法を与えることを説明しよう.

(8.1) で求めた単位行列以外の 3 つの行列をそれぞれ虚数単位 i で割って得られる行列を

$$s_1 = \begin{pmatrix} 0 & 1 \\ 1 & 0 \end{pmatrix}, \quad s_2 = \begin{pmatrix} 0 & -i \\ i & 0 \end{pmatrix}, \quad s_3 = \begin{pmatrix} 1 & 0 \\ 0 & -1 \end{pmatrix} \tag{8.6}$$

の順序にならべ，これらを**パウリのスピン行列**とよぶ．4 元数の演算規則から，この 3 つの行列の間の関係式

$$\begin{aligned} s_1^2 = s_2^2 = s_3^2 = I \\ s_i s_j = -s_j s_i, \quad i \neq j \end{aligned} \tag{8.7}$$

が求められる．ここで，I は単位行列を示す．4 元数に対して 2 行 2 列の複素行列を対応させたように，4 次元時空の点 (t, x, y, z) に行列

$$X = ctI + xs_1 + ys_2 + zs_3$$

を対応させよう．成分で書くと

$$X = \begin{pmatrix} ct + z & x - yi \\ x + yi & ct - z \end{pmatrix}$$

となり，この行列の行列式として $c^2t^2 - x^2 - y^2 - z^2$ が得られることに注意しよう．一般に複素行列

$$A = \begin{pmatrix} p & q \\ r & s \end{pmatrix}$$

について A^* を

$$A^* = \begin{pmatrix} \bar{p} & \bar{r} \\ \bar{q} & \bar{s} \end{pmatrix}$$

とおく．ここで $\bar{a}$ は a の複素共役を示す．$A = A^*$ を満たす行列を**エルミート行列**とよぶ．4 次元時空の点に対応して得られた行列はエルミート行列である．逆にエルミート行列を与えたとき，対応する (t, x, y, z) を解くことができるので，これは，4 次元時空の点と 2 行 2 列のエルミート行列の間の 1 対 1 対応を与えている．

以上をまとめると次のようになる．

パウリのスピン行列を用いて，4 次元時空の点 (t, x, y, z) に行列

$$ctI + xs_1 + ys_2 + zs_3$$

を対応させると，これは 4 次元時空の点と 2 行 2 列のエルミート行列の間の 1 対 1 対応を与える．さらに，この行列の行列式は

$$c^2t^2 - x^2 - y^2 - z^2$$

となる．

ここまで考察を進めると，ローレンツ変換をシステマティックに構成する方法について説明することができる．上の対応によってエルミート行列の話に翻訳してみると，ローレンツ変換は，行列式を変えないようなエルミート行列の変換として求めることができる．P を行列式が 1 の 2 行 2 列の複素行列とする．2 行 2 列のエルミート行列 X に対して

$$PXP^*$$

を対応させる変換を考えよう．一般に $(AB)^* = B^*A^*$ が成立することを用いると，得られた行列 PXP^* は再びエルミート行列となる．また，PXP^* の行列式は X の行列式に等しい．したがって，これを 4 次元時空の座標 (t, x, y, z) でながめるとローレンツ変換が得られたことになる．行列式が 1 の 2 行 2 列複素行列全体は群をなし $SL(2, \mathbb{C})$ と書かれる．この方法は，$SL(2, \mathbb{C})$ の要素を与えるごとにローレンツ変換を作り出すことができることを示している．

まとめると，次のようになる．

4 次元時空の点を 2 行 2 列のエルミート行列 X で表示するとき $SL(2, \mathbb{C})$ の要素 P について，X を PXP^* に対応させる変換は，ローレンツ変換である．

この原理を用いてローレンツ変換の実例を作ってみよう．最も簡単な場合として，P が対角行列

$$\begin{pmatrix} a & 0 \\ 0 & a^{-1} \end{pmatrix}$$

の場合を考える．ここで，

$$a = \left(\frac{1 - \frac{v}{c}}{1 + \frac{v}{c}} \right)^{\frac{1}{4}}$$

と置き換えると，4 次元時空の座標 (t, x, y, z) に関するローレンツ変換

$$\begin{cases} t' = \dfrac{t - \frac{vx}{c^2}}{\sqrt{1 - \frac{v^2}{c^2}}} \\ x' = \dfrac{x - vt}{\sqrt{1 - \frac{v^2}{c^2}}} \\ y' = y, \quad z' = z \end{cases}$$

が得られる．ここで v が光の速さ c に比べて十分小さいと仮定すると，前に求めた，系 (x', y', z') が系 (x, y, z) に対して一定の速度 v で移動するときの座標変換を表すガリレイ変換とみなすことができる．しかし v が無視できないほど大きくなると，このようなローレンツ変換を考えてはじめて光速の不変性が得られるのである．

● 観測者に固有な時間

ローレンツ変換についてもう少し考察してみよう．3 次元空間の座標系 (x, y, z) を考え，時刻 $t = 0$ において原点を出発し，一定の速さ v で移動する点を考えよう．はじめの座標系に静止している観測者と，この移動する点にのっている観測者にそれぞれ流れる時間を比較してみよう．

図 8.8 のように移動する点を原点とするような動く座標系 (x', y', z') を考えよう．時間もこみにして，(x, y, z) 系，(x', y', z') 系の時間パラメーターをそれぞれ t, t' で表す．この移動する点を上の 2 通りの座標 (t, x, y, z), (t', x', y', z') で表し，両者の座標変換を考えると，これはローレンツ変換で，式 (8.5) が満たされていると考えられる．はじめの座標系において，時刻 t を考えよう．移動する点の座標は

$$x^2 + y^2 + z^2 = v^2 t^2$$

を満たし，また系 (t', x', y', z') でみると移動する観測者はつねに原点にいるこ

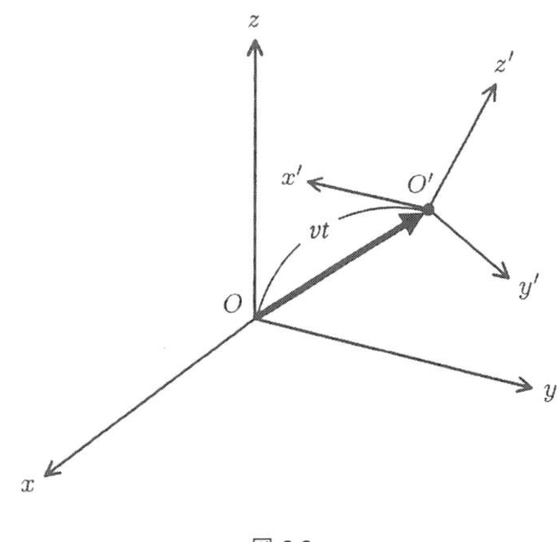

図 8.8

とに注意すると，式 (8.5) より

$$t' = t\sqrt{1 - \frac{v^2}{c^2}}$$

となる．つまり，ある系に対して速度 v で移動する観測者の時間は，もとの系における時間に $\sqrt{1 - \frac{v^2}{c^2}}$ を掛けたものになっている．つまり，時間の概念は観測者に固有なものであることが，ローレンツ変換の帰結として導かれる．

このような観測者に固有な時間の考え方は，加速器の中の粒子のように非常に速く運動している場合には，実際に無視できないかたちであらわれる．たとえば素粒子の表によれば，荷電 π 中間子の平均寿命は，およそ 2.6×10^{-8} 秒となっているが，この値は静止している粒子にあてはまるものであって，運動する粒子についてはこれより寿命が長くなる．観測者に固有な時間の考え方を用いて予想されるように，速度 v で運動させて観測した平均寿命は，これを $\sqrt{1 - \frac{v^2}{c^2}}$ で割った値になることが，実験で検証されている．

前回の話と比較すると，パウリのスピン行列を通してスピノールは特殊相対論の中に見え隠れしていることがわかる．しかしながら，歴史的にはアインシュタインの相対論からパウリ，ディラックらのスピノールの発見には，20 余年の歳月を要したのであった．

第9話

自由群に作用する組みひも

アレクサンダー多項式

組みひも群は，自由群とよばれる群に作用する．応用として，組みひものビューラウ行列による表示が得られる．さらに，結び目のアレクサンダー多項式との関連を述べる．

● 自由群とは

まず，**自由群**とは何かを解説しよう．簡単のため，2 つの文字 x, y で生成される自由群について説明する．いま，形式的に，x, y の逆元に対応する文字 x^{-1}, y^{-1} を導入して，x, y, x^{-1}, y^{-1} をいくつか並べたもの，たとえば

$$xyyx^{-1}y$$

を，文字 x, y からなる**ワード**とよぶことにする．2 つのワード w_1 と w_2 について，その積

$$w_1 w_2$$

をワード w_1 の後ろにそのままワード w_2 を並べてできるワードとして定める．その際，たとえば

$$w_1 = xyxyyx^{-1}, \quad w_2 = xyx^{-1}y^{-1}$$

のとき

$$w_1 w_2 = (xyxyyx^{-1})(xyx^{-1}y^{-1}) = xyxyyyx^{-1}y^{-1}$$

のように，x の次に x^{-1} がでてきたとき，また x^{-1} の次に x がでてきたときに

は，これらを簡約してしまうと約束する．文字 y についても同じように簡約の規則を定める．一般に，あるワードが与えられたとき，上の規則に従って簡約していって，もうこれ以上簡約できなくなったワードを簡約語とよぶことにする．簡約のしかたの順序はいろいろありうるので，このようにして簡約語が一意に定まることは，それほど自明ではない．興味をもたれた読者は，文献 [1] などを参照してほしい．また

$$xyx^{-1}xy^{-1}x^{-1}$$

など，上の簡約ですべて消去されてしまうようなワードを e と表すことにする．

このようにワードの積を定めると，この演算によって群になる．単位元は e で与えられる．また，たとえばワード $xyyx^{-1}y$ の逆元は

$$y^{-1}xy^{-1}y^{-1}x^{-1}$$

となる．演算の結合法則も成立している．

図 9.1 は，x, y で生成される自由群に含まれる要素をリストアップして，図示したものである．真ん中にあるのが単位元 e で，右側に 1 ブロック進むことは，右から x を掛けることに，また左側に 1 ブロック進むことは，右から x^{-1} を掛けることに対応すると約束する．上下に進むことも，それぞれ y, y^{-1} を右から掛ける操作と考える．このようにしてでてくる頂点に対応する要素は，自由群の要素として，すべて別のものと考えている．とくに，xy と yx とは，別の要素であることに注意しよう．

● 組みひもの作用

自由群と組みひもの関係を説明するため，自由群の要素を次のように，閉じたひもで表すことにしよう．まず，図 9.2 のように平面に 2 本の杭を立てたものを考える．平面に基点を決めて，この点から出発して 2 本の杭を何度かまわってまたもとにもどってくるひもを考える．このようなひもに対して，ある自由群の要素を対応させるのであるが，その規則を例で示すと次のとおりである．たとえば，図 9.3 a （120 ページ）のひもに対応するワードは，$xyx^{-1}y$ とする．つまり，図 9.3 b のように，杭のまわりを左向きにまわるひもをそれぞれ x, y として，一般のひもについては，1 番目の杭を左向きにまわると x，右にまわると x^{-1} ，また，2 番目の杭についても，左向きにまわると y，右向きにまわると y^{-1} と定

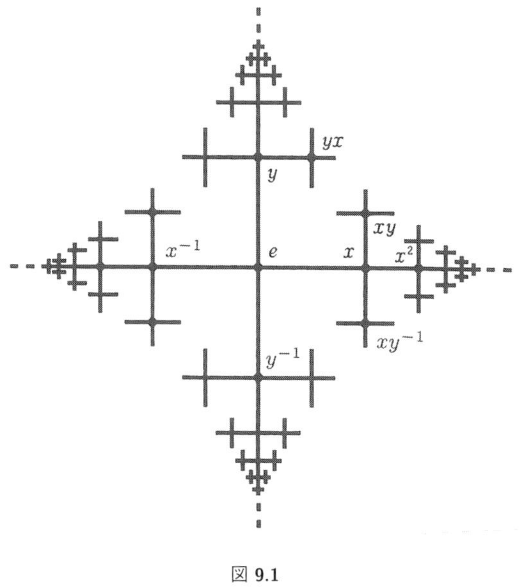

図 9.1

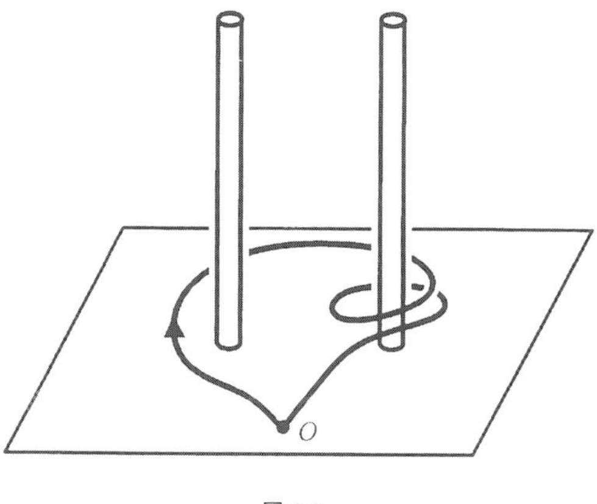

図 9.2

め，ワードを対応させていく．このようにして，n 本の杭の場合に対応して，n 個の文字で生成される自由群が考えられる．

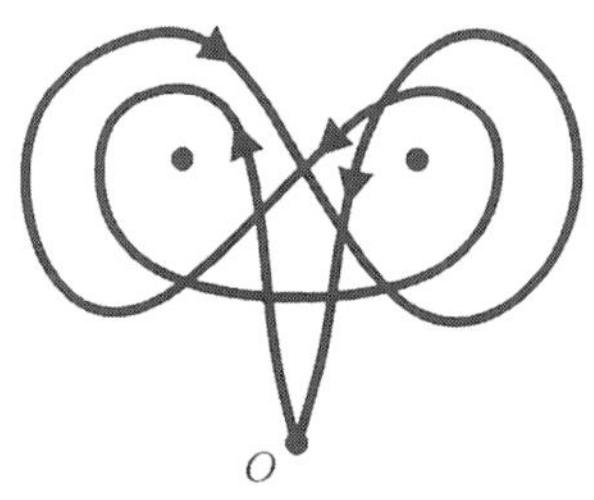

図 **9.3 a**　$xyx^{-1}y$ の表すひも

図 **9.3 b**

第 5 話でも見たように，組みひもは，点の入れ替えとして作用することを思い出そう．図 9.5 のように，点が入れ替わるのに従って，そのまわりの状況も連続的に変化していく様を想像すると考えやすい．3 つの点をそれぞれ左回りにまわるひもを，x, y, z としてこれらの文字で生成される自由群を考えよう．組みひもが作用すると，これらのひも x, y, z も変化する．図 9.6 に示したのは，組みひも σ_1 の作用で 1 番目と 2 番目の点が左回転で入れ替わった後のひも x, y, z の変化の様子を図示したものである．ワードで表示すると，それぞれのうつった先は，

$$\begin{cases} x \longrightarrow y \\ y \longrightarrow yxy^{-1} \\ z \longrightarrow z \end{cases} \tag{9.4}$$

となっている．同じことを，σ_2 について示したのが図 9.7 で，x, y, z の行き先

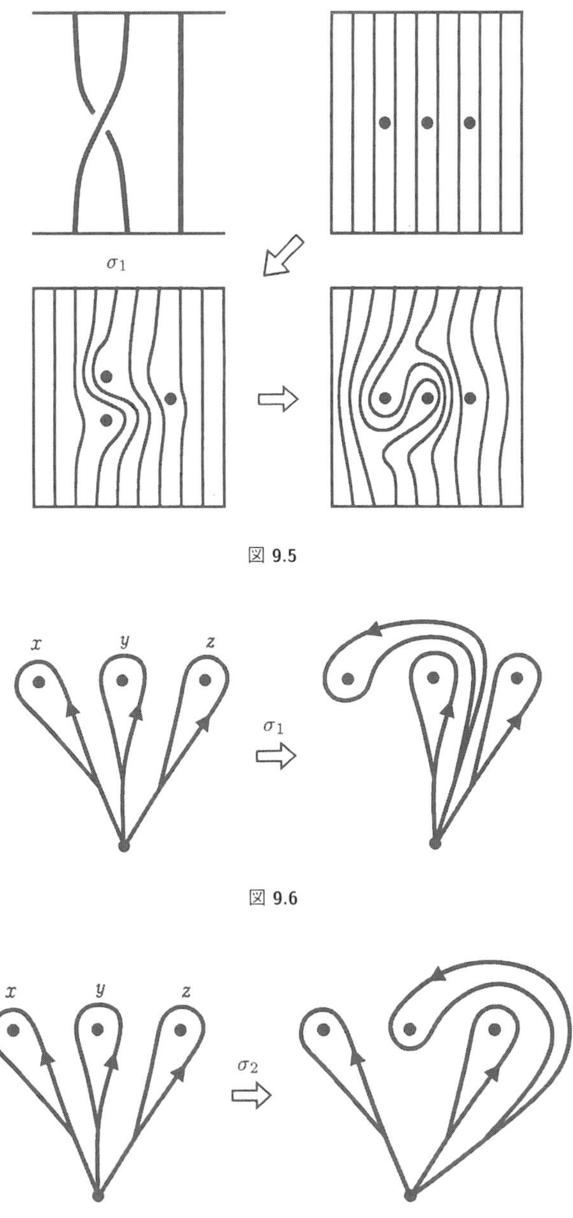

図 9.5

図 9.6

図 9.7

は，それぞれ，

$$\begin{cases} x \longrightarrow x \\ y \longrightarrow z \\ z \longrightarrow zyz^{-1} \end{cases} \tag{9.8}$$

となる．このようにして，3 本のひもからなる組みひもが，3 つの文字で生成される自由群に作用する．同じようにして，一般に，n 本のひもからなる組みひもが，n 個の文字で生成される自由群に作用することがわかる．

● ビューラウ行列

もう一度，図 9.3 にもどろう．2 つの文字 x, y のあるワードを与えるごとに，基点を出発して基点にもどる道が定まる．同じような構成を，格子状のグラフについて実行してみよう．新しい変数 t を 導入して，格子状のグラフの各辺に，図 9.9 のようにラベルをつけよう．ワードが与えられるごとに，原点を出発するある道を書き込んでいく．その規則は，x については右に 1 ブロック進み，x^{-1} については左に 1 ブロック進む．また，y ならば上に 1 ブロック，y^{-1} ならば下に 1 ブロック進むと約束する．図 9.10 が，ワード $xyyx^{-1}y$ に対して，このような規則で定められた道である．この道について，各辺に与えられたラベルを，右または上に進むときはプラス，左または下に進むときはマイナスの符号をつけて足

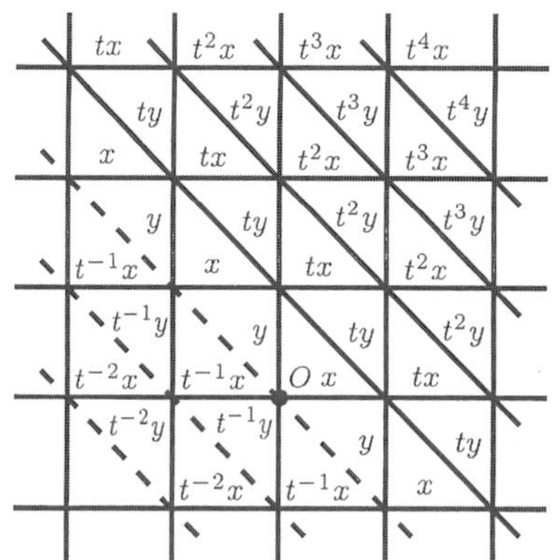

図 9.9

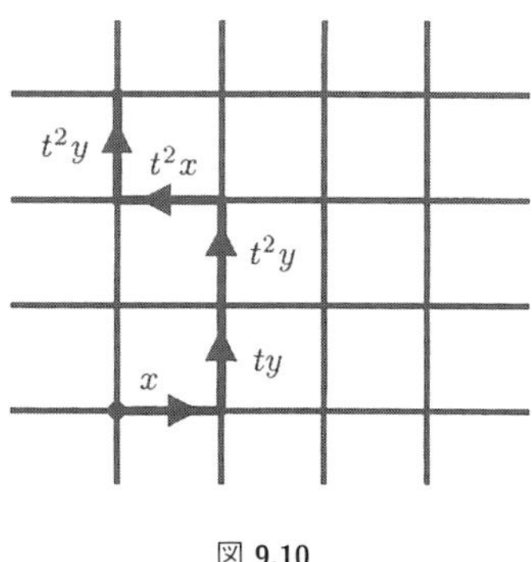

図 **9.10**

しあわせる．いまの例では，

$$x + ty + t^2y - t^2x + t^2y$$

が得られる．このようにすると，それぞれのワードについて，t の何乗かを係数とする x, y の 1 次式を対応させることができる．この操作では，はじめの自由群の情報の多くが失われるが，1 次式であるという点で扱いやすくなる．

式 (9.4) で求めた，組みひも σ_1 の作用をこの方法で 1 次式で表示すると，

$$\begin{cases} x \longrightarrow y \\ y \longrightarrow y + tx - ty \\ z \longrightarrow z \end{cases} \tag{9.11}$$

となる．同じようにして，σ_2 についても

$$\begin{cases} x \longrightarrow x \\ y \longrightarrow z \\ z \longrightarrow z + ty - tz \end{cases} \tag{9.12}$$

となる．さらに，

$$y - x = u, \quad z - y = v$$

とおいて，u, v に対する作用で表すと，σ_1 については，(9.11) の両辺を引き算して，

$$\begin{cases} u \longrightarrow -tu \\ v \longrightarrow tu+v \end{cases} \tag{9.13}$$

と書ける．また，σ_2 についても，同じように

$$\begin{cases} u \longrightarrow u+v \\ v \longrightarrow -tv \end{cases} \tag{9.14}$$

と表せる．これは，行列の言葉を用いると，σ_1 は，行列

$$X = \begin{pmatrix} -t & t \\ 0 & 1 \end{pmatrix} \tag{9.15}$$

として，また σ_2 は，行列

$$Y = \begin{pmatrix} 1 & 0 \\ 1 & -t \end{pmatrix} \tag{9.16}$$

として作用することを意味している．組みひもの関係

$$\sigma_1\sigma_2\sigma_1 = \sigma_2\sigma_1\sigma_2$$

に対応して，行列の関係式

$$XYX = YXY$$

が成立することも，直接確かめることができる．このようにして，3 本のひもからなる組みひもに対応して，2 行 2 列の行列を構成することができた．2 つの複雑な組みひもが，実際に同じでないことを証明するのは，一般に容易ではない．しかし，上のように行列に翻訳すると，機械的に計算できるので，両者を比較して異なっていれば，もとの組みひもは同じではないことを結論できる．実は，3 本の組みひもの場合には，このように行列に翻訳しても全く情報は失われないことが知られている．これは，次回説明するモジュラー群との関連で証明される．3 本の組みひもについては，組みひもとして同じかどうかが，完全に行列の言葉で述べられるのだから，これはかなり強力である．このようにして，一般の n 本のひもからなる組みひもの場合には，$n-1$ 行 $n-1$ 列の行列を対応させることができる．これを，組みひもの**ビューラウ行列**という．とくに 2 本のひもの場合には，σ_1 のビューラウ行列は $-t$ である．

第 5 話でステート模型から組みひも群の行列表現を構成したが，このビューラウ行列は，歴史的に最も早くから知られていた組みひも群の行列表現のひとつである．

● アレクサンダー多項式

アレクサンダー多項式は，さまざまな方法で定義することができるが，ここではビューラウ行列による解釈を述べよう．第 3 話で説明したように，向きのついたリンクは，ある組みひもの両端を閉じたものとして表せる．たとえば，三葉結び目については

$$\sigma_1^3,$$

8 の字結び目については

$$\sigma_1\sigma_2^{-1}\sigma_1\sigma_2^{-1}$$

で表示される組みひもの両端を閉じることにより，それぞれ表すことができた．このような組みひものビューラウ行列を考える．たとえば 8 の字結び目については，式 (9.15), (9.16) の X, Y を用いて

$$XY^{-1}XY^{-1} \tag{9.17}$$

を考える．行列 $XY^{-1}XY^{-1}-I$ の行列式を $1+t+t^2$ で割ったものを，8 の字結び目 K のアレクサンダー多項式とよび $\Delta_K(t)$ と表す．8 の字結び目について，上の組みひも表示から実際に計算してみると

$$\Delta_K(t) = -t^{-2}(t^2-3t+1) \tag{9.18}$$

となる．

一般の向きのついたリンクのアレクサンダー多項式の定義を述べておこう．向きのついたリンク L が n 本のひもからなる組みひも σ の両端を閉じたもので表されているとする．この組みひも σ のビューラウ行列を $\rho(\sigma)$ と書く．このとき，次の式で与えられる $\Delta_L(t)$ を，リンク L のアレクサンダー多項式とよぶ．

$$\Delta_L(t) = \frac{1}{1+t+\cdots+t^{n-1}}\det\left(\rho(\sigma)-I\right) \tag{9.19}$$

ここで，det は行列式を表す．三葉結び目 K については，上の組みひも表示を

用いて，そのビューラウ行列が $-t^3$ となることから，アレクサンダー多項式は

$$\Delta_K(t) = -t^2 + t - 1 \tag{9.20}$$

と計算される．

● ザイフェルト行列，コンウェイ多項式

アレクサンダー多項式は最も早く導入された不変量で，多くの観点から幾何的な意味が研究されている．ここでは，その一端として，第 3 話でふれた**ザイフェルト曲面**との関連を説明する．正確に述べるにはいくつかの準備を要するので，例で解説するにとどめる．詳しくは，巻末にあげた [2] などの書物を参照されたい．

図 9.21 a の三葉結び目にはられたザイフェルト曲面を考えよう．これを図のように変形していくと，図 9.21 b の円板にねじれのある取っ手を 2 個つけた形になる．同じことを 8 の字結び目についておこなうと，図 9.21 c の形になる．やはり，円板に取っ手を 2 個つけた形であるが，取っ手のねじれ具合が三葉結び目の場合とは異なっている．

ザイフェルト曲面の上に図 9.22 のように，向きのついた閉曲線 a, b をとる．ザイフェルト曲面には，表裏の区別があるので，この閉曲線を曲面の表の方向に

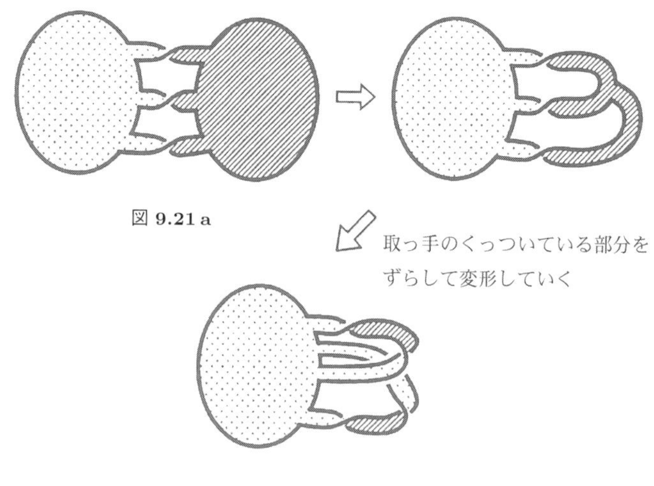

図 **9.21 a**

図 **9.21 b**

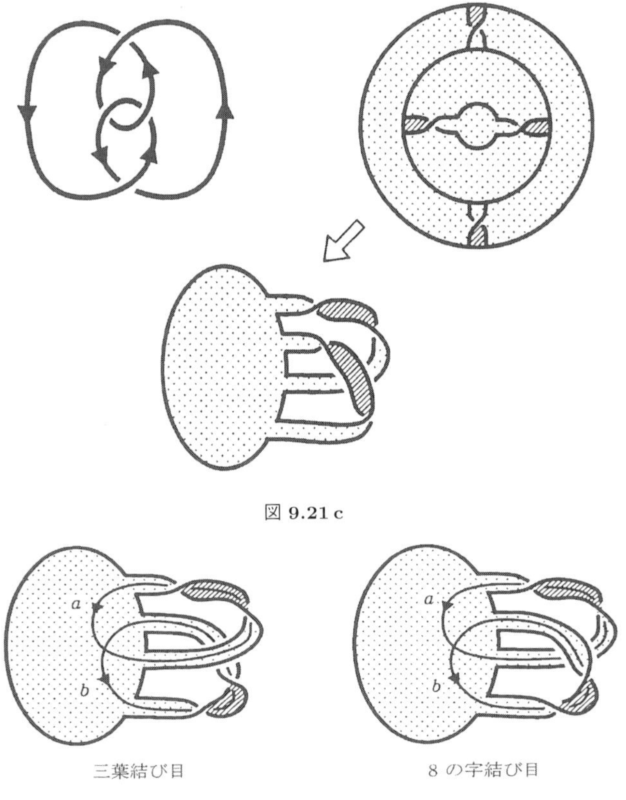

図 **9.21 c**

図 **9.22**

少しずらした曲線を考えることができる．これを，それぞれ a_+, b_+ で表そう．これらの閉曲線の絡み数を並べて作った行列

$$V = \begin{pmatrix} lk(a_+, a) & lk(a_+, b) \\ lk(b_+, a) & lk(b_+, b) \end{pmatrix}$$

を**ザイフェルト行列**という．三葉結び目の場合に図 9.23 を用いてザイフェルト行列を計算すると

$$V = \begin{pmatrix} -1 & 0 \\ 1 & -1 \end{pmatrix}$$

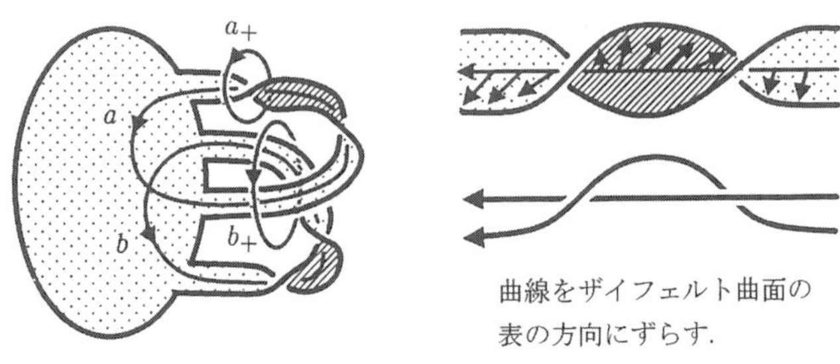

図 9.23

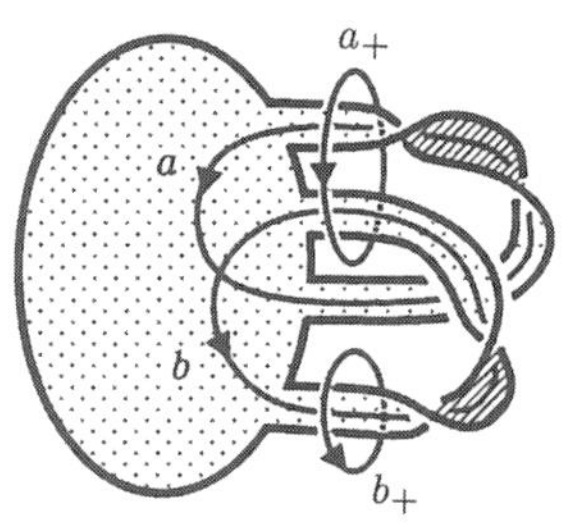

図 9.24

となる．同じように図 9.24 を用いて，8 の字結び目の場合に計算すると

$$V = \begin{pmatrix} -1 & -1 \\ 0 & 1 \end{pmatrix}$$

となる．

向きのついたリンク L のザイフェルト行列 V を使って

$$\Omega_L(t) = \det\left(\frac{1}{\sqrt{t}}V - \sqrt{t}\,V^T\right) \tag{9.25}$$

とおいたものを，**コンウェイのポテンシャル関数**とよぶ．ここで，V^T は V の転置行列を示す．

三葉結び目について，コンウェイのポテンシャル関数を計算すると

$$\Omega_K(t) = t - 1 + t^{-1}$$

となる．また，8 の字結び目については

$$\Omega_K(t) = -t + 3 - t^{-1}$$

が得られる．これらをアレクサンダー多項式 (9.20), (9.18) と比較してみると，t のベキを掛けることと符号を変える操作でうつりあっていることがわかる．

コンウェイのポテンシャル関数については，第 4 話で得たジョーンズ多項式のスケイン関係式と類似の等式

$$\Omega_{L_+} - \Omega_{L_-} = \left(\sqrt{t} - \frac{1}{\sqrt{t}}\right)\Omega_{L_0} \tag{9.26}$$

が成立することが知られている．記号，L_+, L_-, L_0 の意味は，ジョーンズ多項式のときと同じである．これらの 3 つのリンクのザイフェルト行列を比較することにより示されるが，詳しい考察は読者に委ねたい．変数を

$$z = \sqrt{t} - \frac{1}{\sqrt{t}}$$

と置き換えたものは，**コンウェイ多項式**とよばれている．コンウェイ多項式は，向きのついたリンクの不変量であることが知られている．表 9.27 は，表 2.23 (26 ページ) の結び目のうち交点数が 7 までのコンウェイ多項式の一覧である．交点数 10 までのコンウェイ多項式の表が，文献 [2] に載っている．

表 9.27

3_1	$1+z^2$
4_1	$1-z^2$
5_1	$1+3z^2+z^4$
5_2	$1+2z^2$
6_1	$1-2z^2$
6_2	$1-z^2-z^4$
6_3	$1+z^2+z^4$
7_1	$1+6z^2+5z^4+z^6$
7_2	$1+3z^2$
7_3	$1+5z^2+2z^4$
7_4	$1+4z^2$
7_5	$1+4z^2+2z^4$
7_6	$1+z^2-z^4$
7_7	$1-z^2+z^4$

コンウェイ多項式の重要な性質を 1 つあげておこう．向きのついたリンク L が，図 9.28 a のように，2 つのリンク L_1 と L_2 に完全に分離されてしまうとしよう．これを，図 9.28 b のようにつないで，リンク L_2 の部分を図 9.28 c に示すように，左回りに 360 度回転しても，同じリンクが得られる．したがって，$L=L_0$ として，L_+, L_- をそれぞれ図 9.28 b，図 9.28 c のリンクとすると，これらは同じリンクなので関係式 (9.26) を用いて

$$\Omega_L(t)=0$$

であることが導かれる．

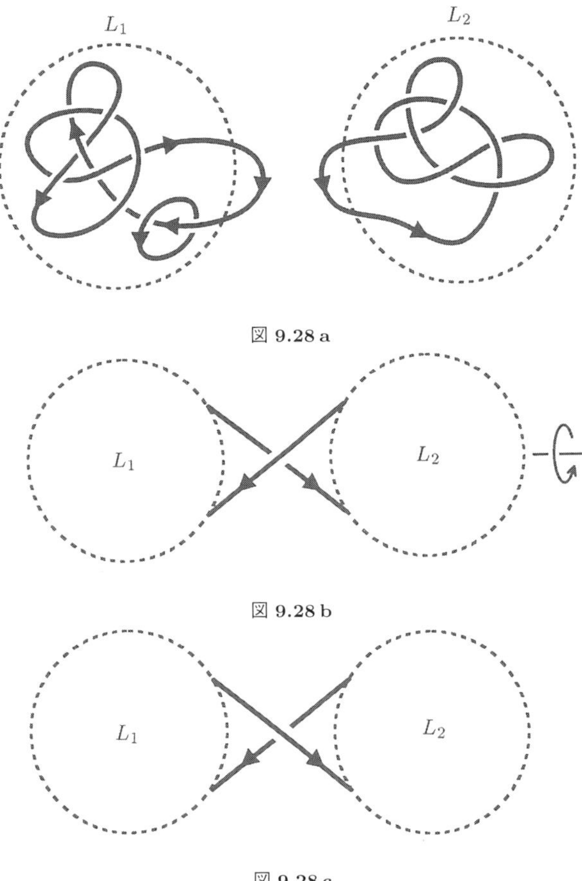

図 **9.28 a**

図 **9.28 b**

図 **9.28 c**

第10話

組みひもとトーラス

組みひも群 B_3 はトーラスに作用する．その様子を説明しよう．さらに，組みひもの楕円積分への作用について調べよう．

● トーラスに作用する組みひも

トーラスとは，図 10.1 のようなドーナツの表面の形をした曲面である．組みひもとの関係を見るため，トーラスを次のような工作で構成しよう．まず，球面を 2 つ用意し，それぞれに図 10.2 のように 4 点をとり，2 か所に切れ込みを入れる．そして，この切れ込みの入った 2 つの球面を同じ印のついた切り口どうし，図のようにはりあわせる．このようにして，トーラスができた．

はじめにとった 4 点のうちの 1 つを無限遠点と考えて，他の 3 つを平面上の 3 点とみなすことにしよう（図 10.3 参照）．この平面に基点をとり，第 9 話と同様に，基点を出発してこれらの点を左回りにまわり，またもとの基点にもどってくる道をそれぞれ，x, y, z と表そう．この基点に対応して，上の工作でできあがったトーラス上，下側の球面にあたる同じ場所に，基点を記しておこう．まず，この平面に図 10.4（135 ページ）のように，ワード yx, zy に対応する道 γ_1, γ_2 をそれぞれ描く．次に，トーラス上の基点から出発して，これらの道に対応する曲線をトレースしていく．図 10.4 の a が，道 γ_1 に対応する曲線である．道 γ_2 については，球面の切り口を横切っているので，一度 2 つ目の球面の部分を通って

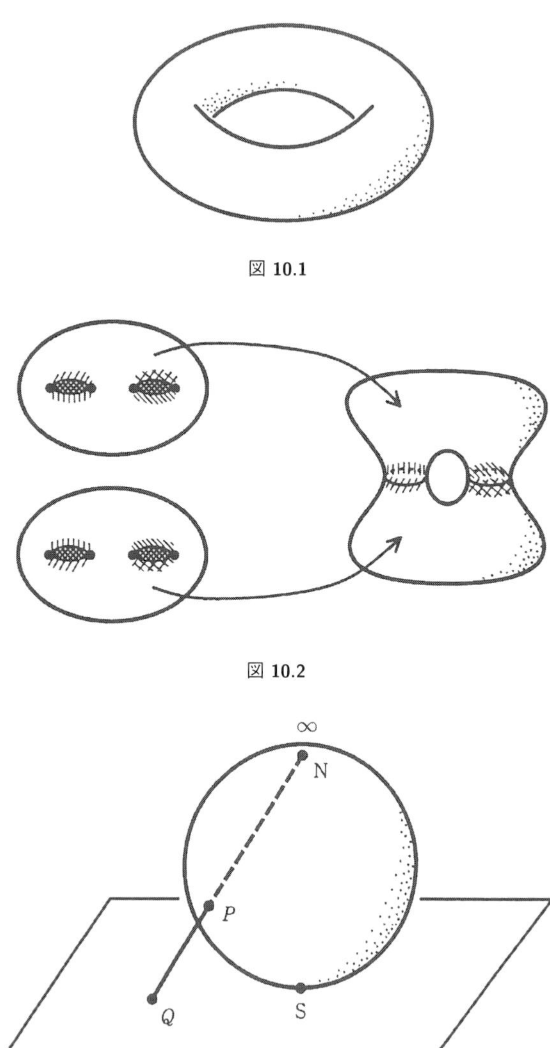

図 **10.1**

図 **10.2**

図 **10.3**　球面の南極に接する平面を考え，図のように北極以外の点と平面の点の間に対応をつける．この対応は立体射影とよばれ，北極が無限遠点と考えられる．

から，また基点にもどる曲線 b ができる．このようにして，平面上の道 γ_1, γ_2 に対して，トーラス上の閉曲線 a, b が得られた．

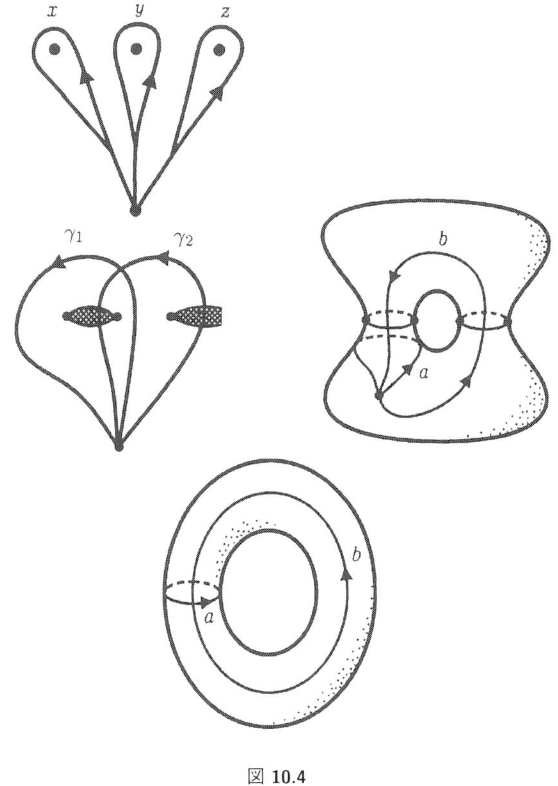

図 10.4

第 9 話で，組みひもが，道 x, y, z に作用する様子を記述した．組みひもの作用によって，γ_1, γ_2 に対応するトーラス上の a, b も変化するはずである．これを詳しく見てみよう．まず σ_1 の作用を調べてみる．道 γ_1 は，σ_1 の作用では変化しない．これは，式 (9.4) を見ることによってもわかる．したがって，対応するトーラス上の閉曲線 a も変化しない．道 γ_2 については，やや複雑である．図 10.5 が σ_1 が作用した後の，道 γ_2 の変化を図示したものである．これに対応するトーラス上の閉曲線は，図 10.6 のようになる．

この曲線は，トーラスを a に沿って切り，これを図 10.7（137 ページ）のよう

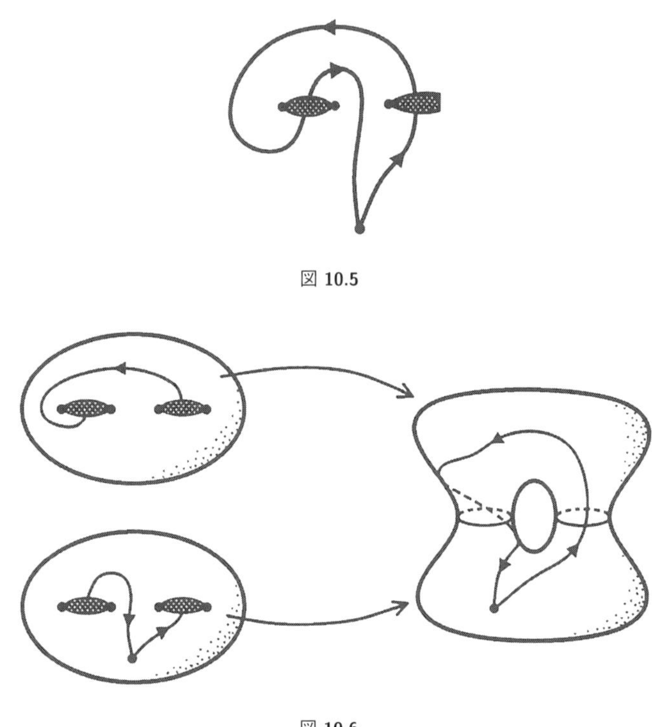

図 10.5

図 10.6

に両手に持って，右手の方を矢印の向きに 360 度回転してからまたつなぎ直すことによって得られる．このような操作は，曲線 a に沿った**デーンのひねり**とよばれている．

次に組みひも σ_2 の作用を調べてみよう．道 γ_1 の変化の様子を描いたものが，図 10.8 である．曲線 b の方は変わらないが，曲線 a は，図のように変化する．曲線 b 方向に一周する間に，a 方向に 360 度回転する曲線である．これは，曲線 b に沿ったデーンのひねりと解釈することができる．

● トーラス結び目

トーラス上の閉曲線がいくつか登場したが，ここでは，曲線が b 方向 a 方向にそれぞれ，何周しているかのみを問題にしている．以降，トーラス上の閉曲線に対して，b, a それぞれの方向の回転数を表す 2 つの整数を対応させることに

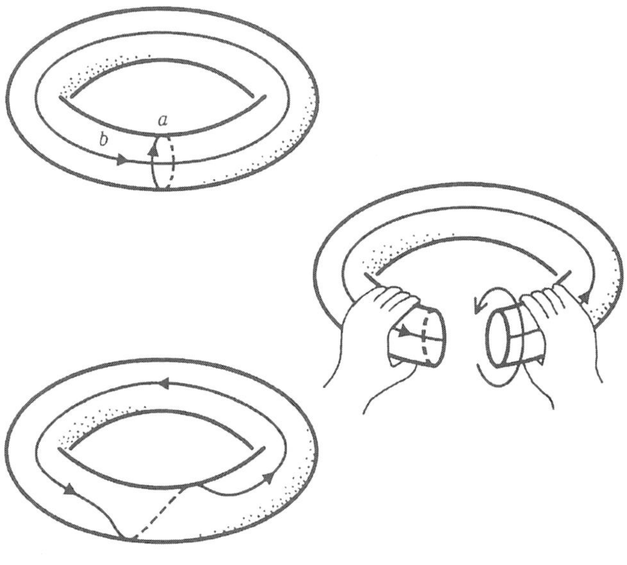

図 **10.7**

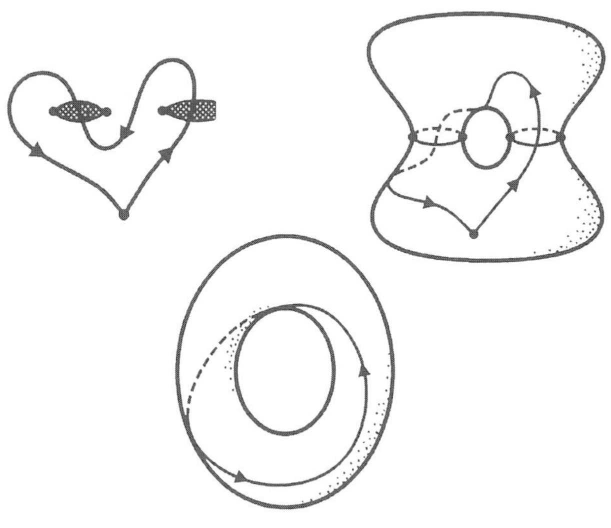

図 **10.8**

しよう．マイナスの数は，反対方向の回転を意味する．表 2.23（26 ページ）の結び目の表にも，トーラス上の閉曲線として表されるものがいくつかある．三葉結び目 $3_1, 5_1, 7_1$ などがそれである．これらは，上の規約では，整数の組 $(2,3)$, $(2,5)$, $(2,7)$ がそれぞれ対応する．互いに素な整数の組 (p,q) について，このような結び目を作ることができて，これらはタイプ (p,q) の**トーラス結び目**とよばれている．

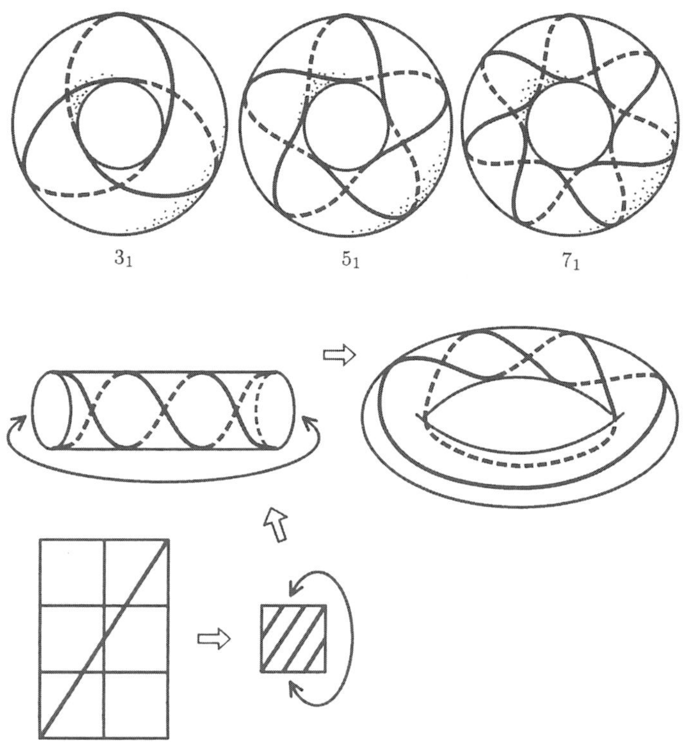

図 10.9 トーラス結び目の構成法．図のように傾き q/p の直線を考え，平行移動して正方形のしま模様を作る．これをまず横の辺をはりあわせ，次に縦の辺をはりあわせると完成．

● トーラス上の閉曲線への組みひもの作用

以下，a 方向に m 回，b 方向に n 回まわるトーラス上の閉曲線を

$$ma + nb$$

で表すことにしよう．この書き方を用いると，組みひも σ_1 の閉曲線 a, b への作用は

$$\begin{cases} a \longrightarrow a \\ b \longrightarrow -a+b \end{cases}$$

となり，また σ_2 の作用は

$$\begin{cases} a \longrightarrow a+b \\ b \longrightarrow b \end{cases}$$

となる．行列を用いると，σ_1, σ_2 の作用は，それぞれ

$$X = \begin{pmatrix} 1 & -1 \\ 0 & 1 \end{pmatrix}, \quad Y = \begin{pmatrix} 1 & 0 \\ 1 & 1 \end{pmatrix} \tag{10.10}$$

と表される．この行列は，前回のビューラウ行列 (式 (9.15)，(9.16)) で，$t = -1$ とおいたものにほかならない．

● 周期積分と組みひも

ここで，少し複素関数の言葉を使って，上で見た組みひもの作用の背景を説明してみよう．複素数を係数とする 3 次式

$$z^3 + g_1 z + g_2$$

を考える．これを複素数の範囲で因数分解したものを，

$$(z-\alpha)(z-\beta)(z-\gamma)$$

で表す．この α, β, γ を，いままでに扱ってきた平面を複素平面とみなしたとき，上の 3 つの点に対応させる．上の式の平方根をとること，つまり

$$y^2 = z^3 + g_1 z + g_2 \tag{10.11}$$

を満たす y を求めることを考える．

複素数においては，平方根をとる操作は，第 7 話で説明したのと同じように，2 価性の現象が生じる．複素数 z を極座標で表し

$$z = r(\cos\theta + i\sin\theta)$$

と書くと，2 乗して z になる複素数は

$$\begin{aligned}&\sqrt{r}\left(\cos\frac{\theta}{2}+i\sin\frac{\theta}{2}\right)\\&\sqrt{r}\left(\cos\left(\frac{\theta}{2}+\pi\right)+i\sin\left(\frac{\theta}{2}+\pi\right)\right)\end{aligned}\tag{10.12}$$

の 2 つの場合が考えられる(図 10.13).

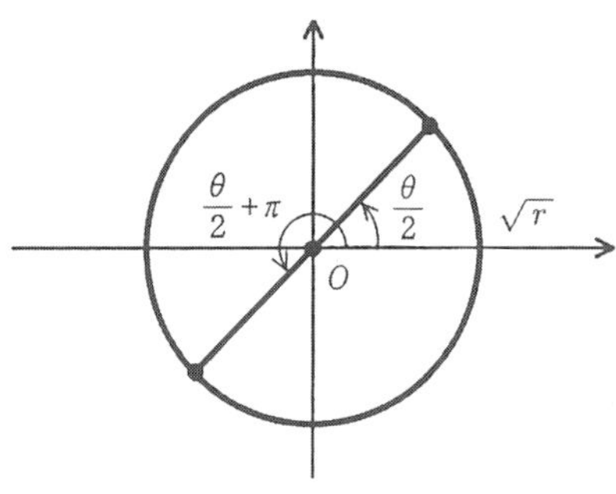

図 10.13

このような事情から，複素関数 $\sqrt{z}$ は，複素平面上の関数とみなすよりも，次のように工作してできる曲面の上の関数とみなす方が自然である．図 10.14 のように複素平面の実軸の正の部分に切れ込みを入れたものを 2 枚用意する．そして，図の同じ記号のついた切り口どうしをはりあわせる．1 枚目の複素平面にいるときは，$\sqrt{z}$ として，(10.12) の上側の値，また，2 枚目の複素平面にうつると，(10.12) の下側の値を採用すると，この曲面上では $\sqrt{z}$ は 1 価な関数として

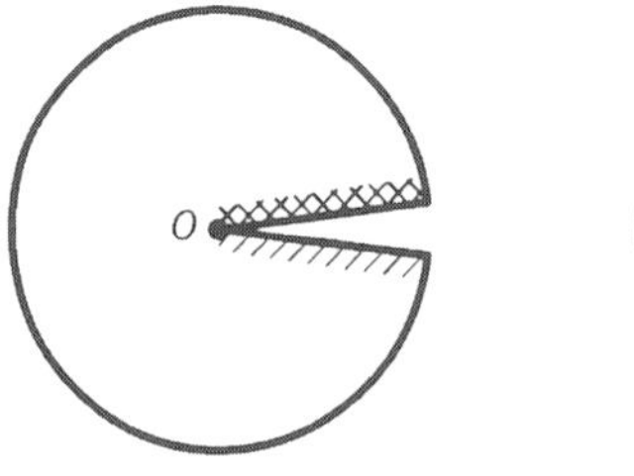

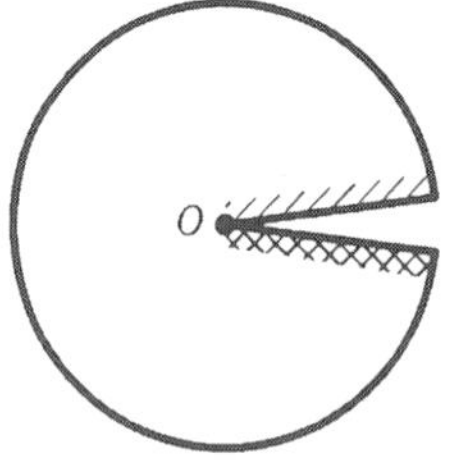

図 10.14

定まる．この曲面を $\sqrt{z}$ の**リーマン面**とよぶ．上で構成したトーラスは，実は

$$\sqrt{(z-\alpha)(z-\beta)(z-\gamma)}$$

のリーマン面を，無限遠点もこめて考えたものであった．これは，(10.11) を満たす複素数 (y,z) 全体の集合とみなすこともできて，**楕円曲線**とよばれることもある．

3 次方程式の判別式を使うと

$$\Delta=-4g_1^3-27g_2^2 \tag{10.15}$$

が 0 にならない限り，α,β,γ は相異なる値をとる．点 (g_1,g_2) が，ある基点を出発して Δ が 0 にならないように動いて，またもとの基点にもどってくるとしよう．この (g_1,g_2) の変化につれて，α,β,γ も複素平面を，互いに衝突しないで動きまわって，もとの 3 点の集合にもどってくる．この様子をトレースすると，3 本のひもからなる組みひもができる(図 10.16)．このように，方程式の係数を変化させるに従って，解がどのように動くかを調べることにより，組みひもがで

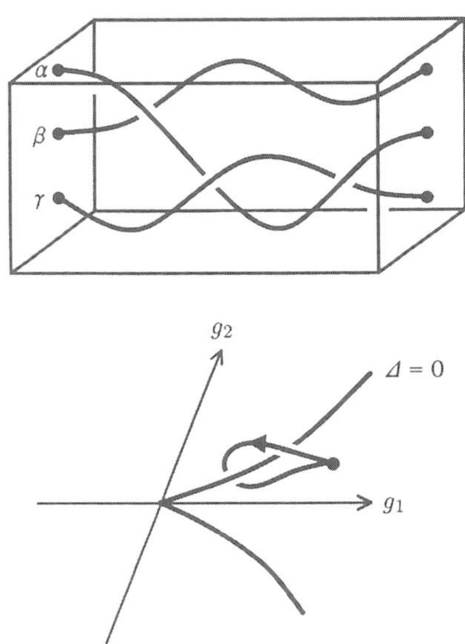

図 10.16

きる.

積分

$$\int_a \frac{1}{\sqrt{z^3+g_1z+g_2}}dz, \quad \int_b \frac{1}{\sqrt{z^3+g_1z+g_2}}dz \tag{10.17}$$

は，**楕円曲線の周期**とよばれる．いままで調べてきた行列 (10.10) で表される組みひもの作用は，実は，上のように (g_1, g_2) を動かしたとき，楕円曲線の周期がどのように変化するかを調べたものにほかならない．ビューラウ行列で，$t=-1$ とおいたものになった理由は，$\sqrt{z}$ の値が，原点のまわりを一周すると，-1 倍になることにより，説明される．

● 消滅サイクル

上のように，g_1, g_2 が判別式 $\Delta \neq 0$ を満たすときは，式 (10.11) でトーラスが得られた．判別式が 0 になるときはどうだろうか．3 次方程式の解 α, β, γ のうち 2 つが一致する場合には，上の 2 つの切れ込みのうちの 1 つがつぶれて，図 10.18 (ii) に示した曲面が現れる．この曲面では，閉曲線 a, b のうち a の方が 1

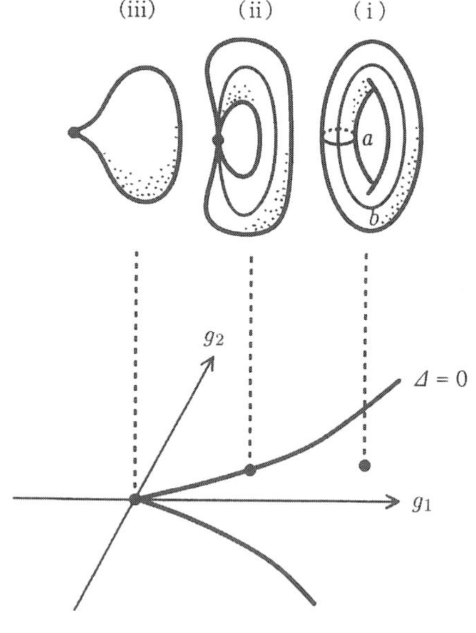

図 10.18

点に退化している.

さらに, α, β, γ がすべて 0 になると, 図 10.18 (iii) の曲面が現れる. 球面の 1 点がとがった形をしていて, このとがった部分は**特異点**とよばれる. この曲面の定義式は

$$y^2 = z^3 \tag{10.19}$$

である. これを, y, z がともに実数の場合に制限して, グラフを描いたのが, 図 10.20 である. 原点が特異点である. この曲面では, 2 つの閉曲線 a, b ともに, 1 点につぶれている. このように見ると, 式 (10.11) で定まるトーラスは, 式 (10.19) に現れる特異点をパラメータ g_1, g_2 によって, 変形していったものと考えることができる. その際, トーラスの 2 つの閉曲線 a, b は $g_1 = g_2 = 0$ では, 1 点に退化してしまう. この 2 つの閉曲線は, **消滅サイクル**とよばれる. 組みひも群は, 消滅サイクルに 1 次変換として作用していることになる.

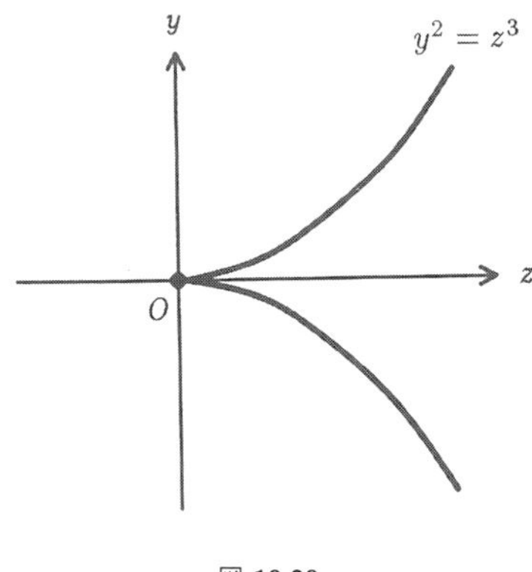

図 **10.20**

● モジュラー群と組みひも群

式 (10.10) にでてきた行列 X, Y は, ともに成分が整数で行列式が 1 である. このように, 整数を成分として, その行列式の値が 1 であるような 2 行 2 列の行列全体を, $SL(2, \mathbb{Z})$ で表す. これは, 行列の積について群となり, **モジュラー群**とよばれる. このような行列

$$\begin{pmatrix} a & b \\ c & d \end{pmatrix}$$

に対して，複素平面の変換

$$z \longrightarrow \frac{az+b}{cz+d} \tag{10.21}$$

を考えよう．いま z の虚部が正とすると，$\dfrac{az+b}{cz+d}$ の虚部も正となる．このことは，$z=x+yi$ とおくと $\dfrac{az+b}{cz+d}$ の虚部は

$$\frac{y}{|cz+d|^2}$$

となることからわかる．複素平面のうち虚部が正となる部分を，複素上半平面とよぶ．上の変換 (10.21) は，モジュラー群の複素上半平面の点を再び複素上半平面の点にうつすことになる．

ビューラウ表示によって，組みひも σ_1, σ_2 は (10.10) の行列 X, Y で表されるので，この行列の定める変換

$$z \longrightarrow z-1, \quad z \longrightarrow \frac{z}{z+1}$$

によって，組みひも群が複素上半平面に作用していると考えることもできる．この作用をもう少し目に見える形で表してみよう．とくに重要な役割を果たすのが，行列

$$S = XYX = \begin{pmatrix} 0 & -1 \\ 1 & 0 \end{pmatrix}, \quad T = X^{-1} = \begin{pmatrix} 1 & 1 \\ 0 & 1 \end{pmatrix}$$

で表される変換 S, T である．複素上半平面の変換で表すと，それぞれ

$$z \longrightarrow -\frac{1}{z}, \quad z \longrightarrow z+1$$

となる．

変換 T の方は，実軸方向に 1 ずらす平行移動である．変換 S の意味を考えてみよう．まず，複素平面の変換

$$z \longrightarrow \frac{1}{\bar{z}}$$

を考察しよう．

$$\frac{1}{\bar{z}} = \frac{z}{|z|^2}$$

と書けることに注意すると，この変換は，複素数 z に対して，直線 Oz 上の複素数 z' を

$$|z||z'| = 1$$

が満たされるように対応させる変換である．単位円の上の点は不変で，単位円の外側の部分が，単位円の内側にうつされる．この変換は，**反転**とよばれている．変換 S は，反転を施した後，実軸に関する折り返しをおこなったものである．図 10.22 の Id と書かれた領域は，変換 S によって図 10.22 の S と書かれた領域にうつされる．点 i はこの変換で固定される．

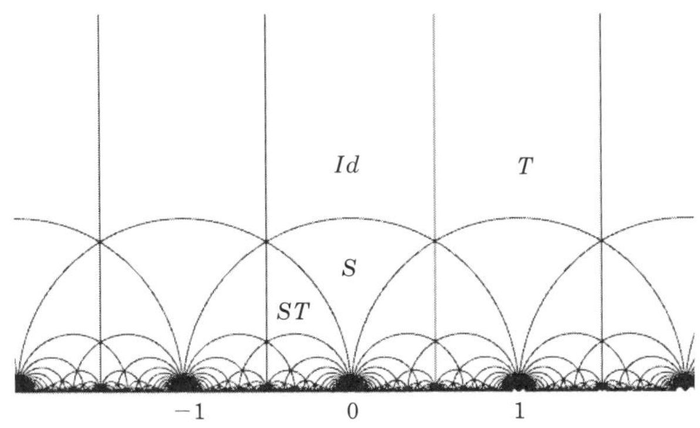

図 10.22　モジュラー群の複素上半平面への作用．

● 複素上半平面のタイルばり

変換 S と変換 T の合成 ST の複素上半平面への作用を考えよう．これは，まず平行移動 T をおこなってから，上の変換 S をおこなう意味である．変換 ST によって図 10.22 の領域 Id は，ST と書かれた領域にうつされる．もう一度 ST をおこなって $(ST)^2$ を考えると，これらの変換によって，1 の 3 乗根

$$\omega = \frac{-1+\sqrt{3}i}{2}$$

は，固定される．さらに，もう一度くりかえして，$(ST)^3$ を見ると行列としては

$$(ST)^3 = \begin{pmatrix} -1 & 0 \\ 0 & -1 \end{pmatrix}$$

となり，複素上半平面への作用は恒等写像になる．このように，変換 S, T は，基本的な関係式

$$(ST)^3 = S^2 = I \tag{10.23}$$

を満たしている．

このようにして，図 10.22 の領域 Id から出発して，変換 S, T をくりかえし施していくと，図のようにいろいろな領域が現れ，これらによって複素上半平面がうめつくされる．領域の境界として現れる曲線は，すべて，実軸上の点を中心とする半円で，実軸に近づくにつれて，領域の大きさは見かけ上小さくなっている．このようにして，複素上半平面のタイルばりが完成した．組みひも σ_1, σ_2 は，それぞれ変換

$$T^{-1}, \quad TST$$

として，あるタイルを別のタイルにうつすように作用する．

第11話

組みひも群のモノドロミー表現とタイルばり

ガウスの超幾何微分方程式のモノドロミー表現を通して，平面，球面，ポアンカレ円板のタイルばり，そこにひそむ非ユークリッド幾何学の構造を見よう．

● ガウスの超幾何微分方程式

楕円曲線の周期を一般化して，次のような積分を考えよう．

$$\int_C (z-\alpha)^\lambda (z-\beta)^\mu (z-\gamma)^\nu dz \tag{11.1}$$

ここで，C は，複素平面のある曲線である．上の積分で，

$$\lambda = \mu = \nu = -\frac{1}{2}$$

とおいたものとして，楕円曲線の周期があらわれる．とくに，$\alpha = 0, \beta = 1$ として，この積分を $x = \gamma$ の関数とみなして，

$$u(x) = \int_C z^\lambda (z-1)^\mu (z-x)^\nu dz \tag{11.2}$$

とおく．曲線 C をうまく選ぶと，$u(x)$ は微分方程式

$$x(1-x)\frac{d^2}{dx^2}u(x) + \{c-(a+b+1)x\}\frac{d}{dx}u(x) - abu(x) = 0 \tag{11.3}$$

を満たすことが知られている．ここで，

$$\lambda = b - c, \quad \mu = c - a - 1, \quad \nu = -b$$

とおいた．これが，**ガウスの超幾何微分方程式**である．図 11.4 のような積分路 C_1, C_2 を考えることにより，この微分方程式の独立な解を作ることができる．ここで，C_1 は 1 から無限遠点に至る道で，C_2 は 0 から x に至る道である．

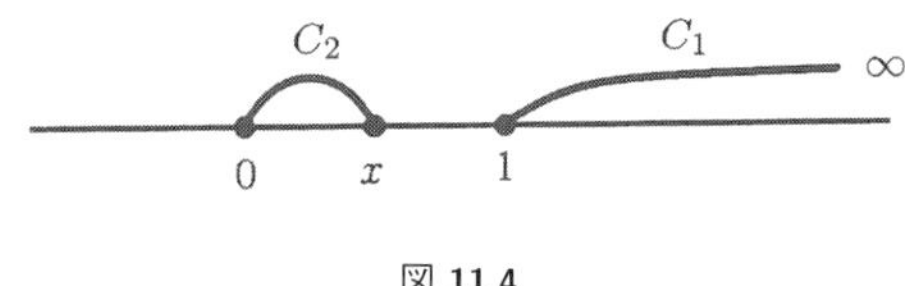

図 11.4

得られた関数をそれぞれ

$$u_1(x) = \int_1^{\infty} z^{\lambda}(z-1)^{\mu}(z-x)^{\nu} dz \tag{11.5}$$

$$u_2(x) = \int_0^{x} z^{\lambda}(1-z)^{\mu}(x-z)^{\nu} dz \tag{11.6}$$

とおこう．ここで，被積分関数は，一般に z について多価性をもつことに注意しよう．

● モノドロミー表現

さて，座標 x の点が，図 11.7 a のように 0 のまわりを反時計回りにまわってまたもとの点にもどってくる状況を考えよう．これは，図 11.7 b のような組みひもで表される．このように点が移動すると，それにつれて，積分路も変化する．すでに $\sqrt{z} = z^{1/2}$ の場合で説明したように，z が 0 のまわりを一周すると z^{λ}

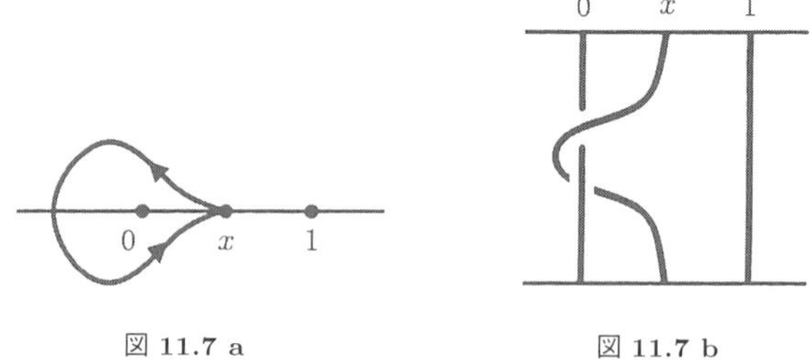

図 11.7 a　　図 11.7 b

は

$$e^{2\pi i\lambda} = \cos 2\pi\lambda + i \sin 2\pi\lambda$$

倍に変化する．積分 $u_2(x)$ は $z = xu$ と置き換えると

$$x^{\lambda+\nu+1} \int_0^1 u^\lambda (1-u)^\nu (1-ux)^\mu du$$

と書き直すことができる．ここに現れる積分の部分は，x について $|x| < 1$ で収束するベキ級数として表示することができて，この部分は 1 価関数である．このベキ級数は，適当に定数倍すると，いわゆる**ガウスの超幾何級数**とよばれるものになる．このことに注意すると，組みひも 11.7 b の作用によって，$u_1(x)$, $u_2(x)$ はそれぞれ

$$\begin{aligned} u_1(x) &\longrightarrow u_1(x) \\ u_2(x) &\longrightarrow e^{2\pi i(\lambda+\nu+1)} u_2(x) \end{aligned}$$

と変化する．このように，関数 $u_1(x)$, $u_2(x)$ は行列

$$A = \begin{pmatrix} 1 & 0 \\ 0 & e^{2\pi i(1-c)} \end{pmatrix}$$

によって変換される．これが，組みひもの**モノドロミー表現**である．

図 11.8 に示した組みひもについても，関数 $u_1(x)$, $u_2(x)$ への作用を考えることができる．それぞれ，z が 1，無限遠点のまわりを反時計回りに一周する道に対応する組みひもである．これらの組みひもの作用は，上の場合に比べて複雑である．組みひも 11.8 a の作用を見るため解の基底を取り替えて，図 11.9 に示す

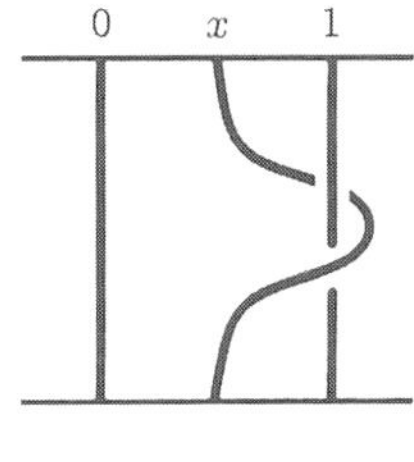

図 11.8 a

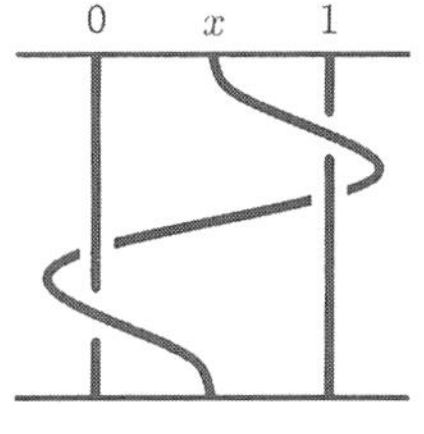

図 11.8 b

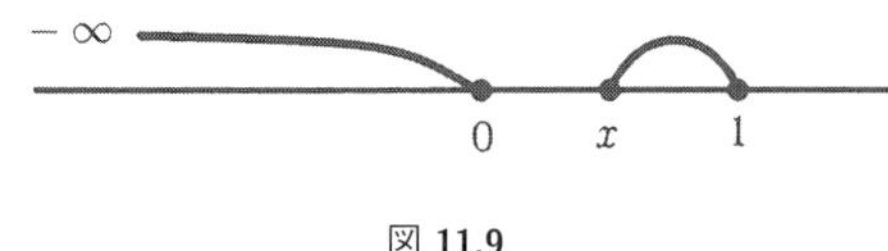

図 11.9

積分路についての関数を考えよう．これらの関数については，組みひも 11.8 a の作用は，行列

$$\begin{pmatrix} 1 & 0 \\ 0 & e^{2\pi i(c-a-b)} \end{pmatrix}$$

で表される．もとの基底 $u_1(x)$, $u_2(x)$ についての表現行列を B と書こう．行列 B を具体的に求めるには，上で考えた 2 通りの基底の変換行列を求める必要がある．これは，解の接続問題とよばれている．詳しくは，文献 [22], [23] などを参照されたい．組みひも 11.8 b の $u_1(x)$, $u_2(x)$ への作用を，行列 C で表そう．図 11.7, 11.8 の 3 つの組みひもの合成が自明な組みひもになることから，行列 A, B, C は，関係式

$$ABC = I \tag{11.10}$$

を満たしていることがわかる．

● ガウス-シュバルツ理論

このようにして，組みひものモノドロミー表現を考えることにより，ガウスの超幾何微分方程式の解が，どのような多価性をもっているのかを解析することができる．ここで，

$$\begin{cases} \dfrac{1}{p} = |1-c| \\ \dfrac{1}{q} = |c-a-b| \\ \dfrac{1}{r} = |a-b| \end{cases} \tag{11.11}$$

とおき，p, q, r が自然数または無限大であると仮定しよう．このとき，上で定義したモノドロミー行列 A, B, C は関係式

$$A^p = B^q = C^r = ABC = I$$

を満たすことがわかる．ここで，たとえば $p=\infty$ のときは，関係式 $A^p=I$ は無視して考える．

行列 A,B,C で生成される群が，**モノドロミー群**である．この群の変換群としての構造は，19 世紀後半のシュバルツの研究によって詳しく調べられていて，**ガウス-シュバルツ理論**とよばれている．その幾何構造は，

$$\frac{1}{p}+\frac{1}{q}+\frac{1}{r}$$

の 1 との大小によって大きく異なる．可能な

$$(p,q,r)$$

をリストアップすると，

- $\frac{1}{p}+\frac{1}{q}+\frac{1}{r}>1$ のとき，

  $(2,2,n)$，n は 2 以上の自然数，$(2,3,3)$，$(2,3,4)$，$(2,3,5)$，

- $\frac{1}{p}+\frac{1}{q}+\frac{1}{r}=1$ のとき，

  $(2,2,\infty)$，$(2,3,6)$，$(2,4,4)$，$(3,3,3)$，

- $\frac{1}{p}+\frac{1}{q}+\frac{1}{r}<1$ のとき，

  $(2,3,\infty)$，(∞,∞,∞)，$(2,3,7)$ など無限個，

となる．以下の話は p,q,r について対称に扱えるので，その順序は問題にしない．それぞれの場合について，詳しく見ていこう．

● 平面のタイルばり

まず，$\frac{1}{p}+\frac{1}{q}+\frac{1}{r}=1$ のときを考えよう．そのうちの 1 つの場合である $(3,3,3)$ を取り上げる．モノドロミー群が，**平面のタイルばり**とどのように関連しているかを，説明しよう．平面を図 11.12 のように，正 3 角形のタイルでしきつめる．となりあうタイルの色が互いに異なるように，たとえば白と黒にぬり分けておく．さらに，図のように 1 つの正 3 角形に注目して，その頂点を a,b,c とし，これらの頂点を中心とする時計回りの 120 度回転をそれぞれ A,B,C と表すことにする．

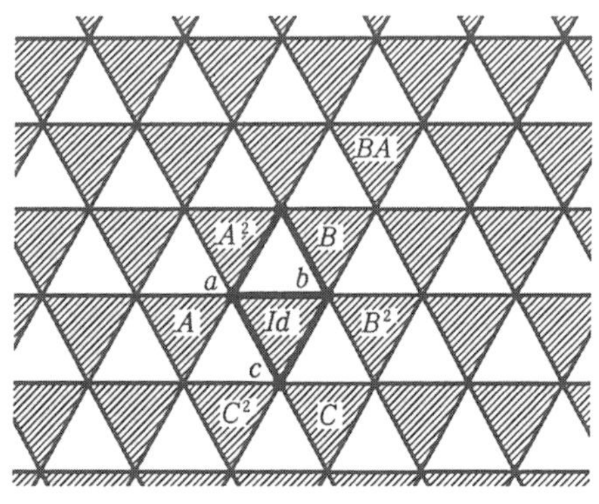

図 11.12

正 3 角形 abc に対して，図 11.12 のように変換 A, B, C をくりかえし施していくと，平面のタイルばりに現れる黒いタイルがすべて得られる．言い換えると，図のように，となりあう黒と白の正 3 角形の組を基本のタイルと考えれば，このタイルに対して，上の変換をくりかえし施していくと，平面全体がうめつくされることになる．このような基本のタイルのことを変換群の**基本領域**とよぶ．また，図から関係式

$$A^3 = B^3 = C^3 = ABC = I$$

を読みとることができる．変換の合成については，前回と同じように右側の方から順におこなっていくものとする．このように，回転移動 A, B, C の合成で表される平面の変換全体は，群の構造をもつ．この変換によって，3 角形は自分自身と合同な 3 角形にうつされる．このような変換群は，**合同変換群**とよばれる．この群を記号 $S333$ で表す．実は，$p = q = r = 3$ の場合の超幾何微分方程式のモノドロミー群は，平面の合同変換の群 $S333$ として実現できるのである．

図 11.13 は，$S333$ の対称性をもつパターンの例である．すなわち，これらのパターンは，合同変換 $S333$ を施してもパターンとしては変化しない．回転の中心をどこに選べばよいか，図 11.12 と対照して考えてみてほしい．日本の伝統的な連続模様である千鳥（図 11.14）も $S333$ の作用で不変である．図 11.15 は，$S333$ の対称性をもつアラベスク模様である．

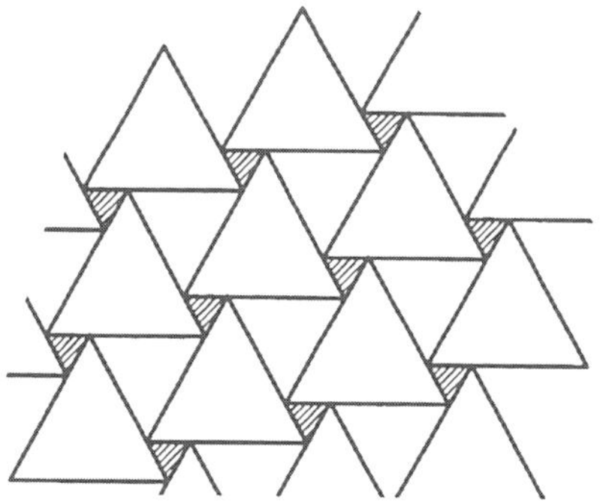

図 11.13

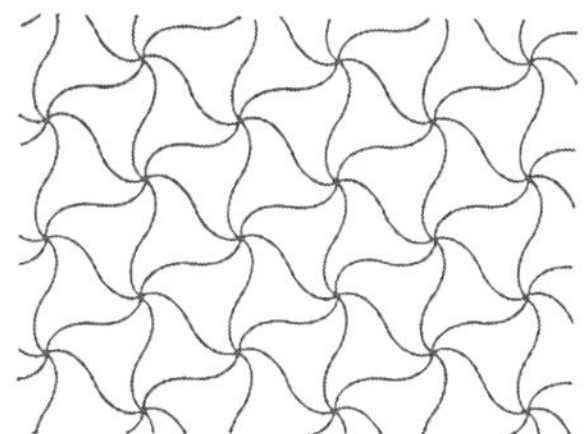

図 11.14

図 11.15

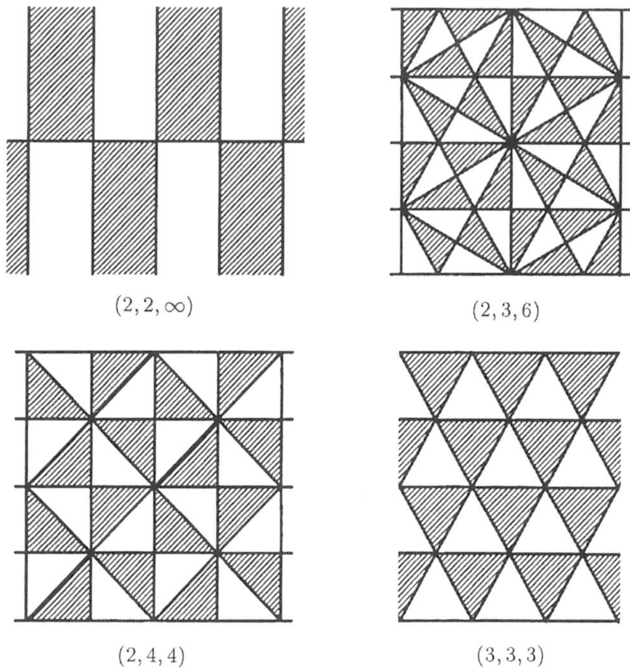

図 **11.16**

次に $(2,3,6)$ の場合を見てみよう．今度は，図 11.16 $(2,3,6)$ のようなタイルばりを考える．1 つの 3 角形のタイルは，角度が 90 度，60 度，30 度の直角 3 角形である．3 角形を 1 つ選んでその頂点をこの順に a, b, c とし，これらの頂点を中心とする回転角 180 度，120 度，60 度の回転移動をそれぞれ A, B, C で表すと，上の場合と同じようにとなりあう黒と白の 2 つの 3 角形を基本領域として，これに変換 A, B, C をくりかえし施すことによって，平面全体がうめつくされる．また，これらの変換は，関係式

$$A^2 = B^3 = C^6 = ABC = I$$

を満たしている．このようにして，$(2,3,6)$ 型のモノドロミー群が，平面の合同変換群として実現される．この群は，$S236$ と表される．図 11.16 のうち上に示した $(3,3,3)$, $(2,3,6)$ 以外のパターンは，それぞれ $(2,4,4)$, $(2,2,\infty)$ に対応するタイルばりで，変換群は $S244$, $S22\infty$ と表記される．

● 正多面体群と球面 3 角形

次に，$\frac{1}{p}+\frac{1}{q}+\frac{1}{r}>1$ のときについて考えよう．まず，$(2,3,3)$ 型について述べる．この場合のモノドロミー群は，正 4 面体と関連している．図 11.17 のように，正 4 面体の 1 つの面に 3 角形 abc をとる．

正 4 面体の中心を O とする．直線 Oa を軸とする 180 度回転を A，直線 Ob を軸とする 120 度回転を B，直線 Oc を軸とする 120 度回転を C と書こう．これらの回転移動は，正 4 面体をそれ自身にうつす．図のように正 4 面体の各面をぬり分けると，3 角形 abc に対して上の変換 A,B,C をくりかえし施していくと，12 個の黒い 3 角形がすべて得られる．また，となりあう黒と白の 3 角形を基本領域と考えると，これに対してこれらの変換を施すことにより，正 4 面体がうめつくされる．変換 A,B,C は，関係式

$$A^2=B^3=C^3=ABC=I$$

を満たす．平面の場合にならって，A,B,C の合成で表される変換全体のなす群を $S233$ で表す．これは，**正 4 面体群**ともよばれている．

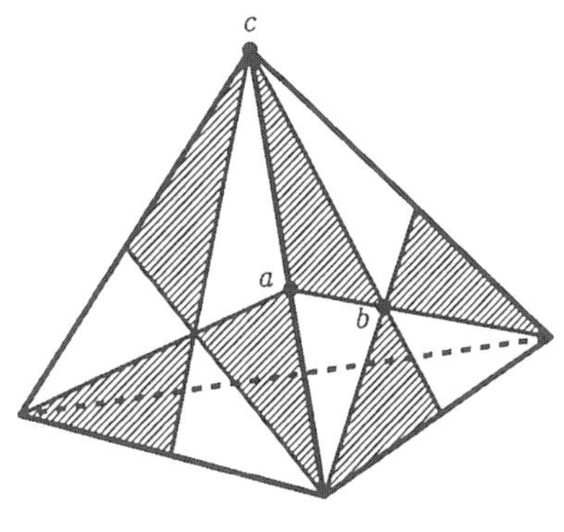

図 11.17

上の考察から，正 4 面体群は 12 個の要素からなることもわかる．正 4 面体の頂点に図 11.18 のように 1 から 4 までの番号をつけてみよう．正 4 面体群の作用により，1 から 4 までの数字の入れ替えがひきおこされる．4 つの文字の入れ替え全体は 24 通りあるが，たとえば 1 と 2 の入れ替えは図のようにある平面に関する対称移動を表していて，正 4 面体群には含まれていない．4 つの文字の入

れ替えという観点からは，正 4 面体群は 2 つの文字を入れ替える操作を偶数回おこなって得られるもの全体が現れる．

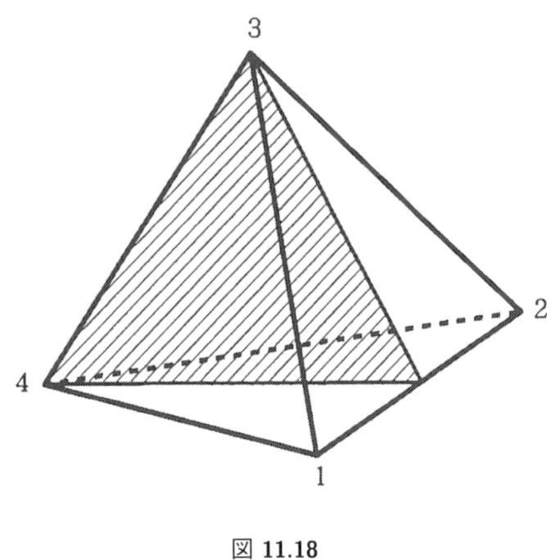

図 **11.18**

正 4 面体群と**球面のタイルばり**との関連を説明しよう．図 11.19 (2,3,3) のように，上で考えた正 4 面体のタイルばりをふくらませると，球面のタイルばりが得られる．球面上に描かれている曲線は，すべて，**大円**つまり球の中心を通る平面と球面の交わりとして得られる円である．このようにして，球面が 24 個の領域に分割された．各々の領域の境界は大円の孤からなり，内角は，90 度，60 度，60 度となっている．このように大円の孤からなる 3 角形は，**球面 3 角形**とよばれる．

このように，図 11.20 のように球面 3 角形で内角が

$$\frac{\pi}{p},\quad \frac{\pi}{q},\quad \frac{\pi}{r}$$

であるものをとり，頂点と球面の中心を結ぶ直線についての回転角 $\frac{2\pi}{p}$, $\frac{2\pi}{q}$, $\frac{2\pi}{r}$ の回転移動を A, B, C とすると

$$A^p = B^q = C^r = ABC = I$$

が満たされ，(p, q, r) 型のモノドロミー群が，合同変換群 $Spqr$ として実現される．

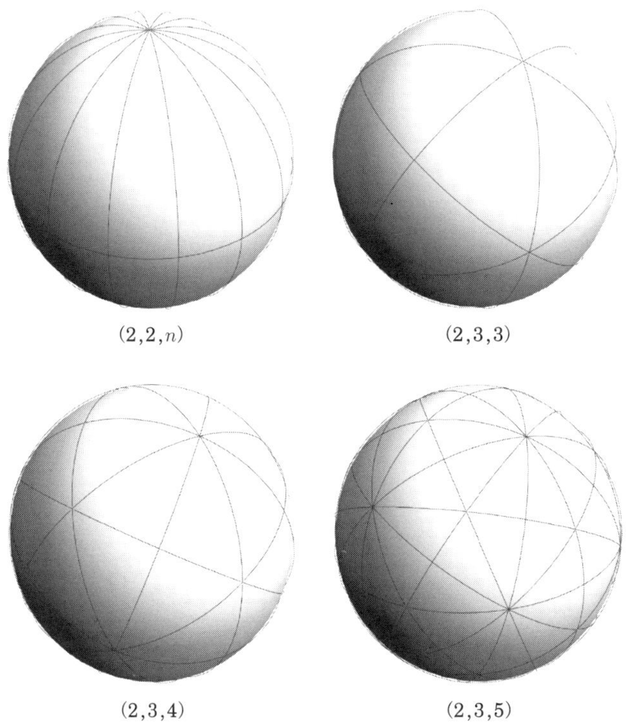

図 **11.19**　球面のタイルばり.

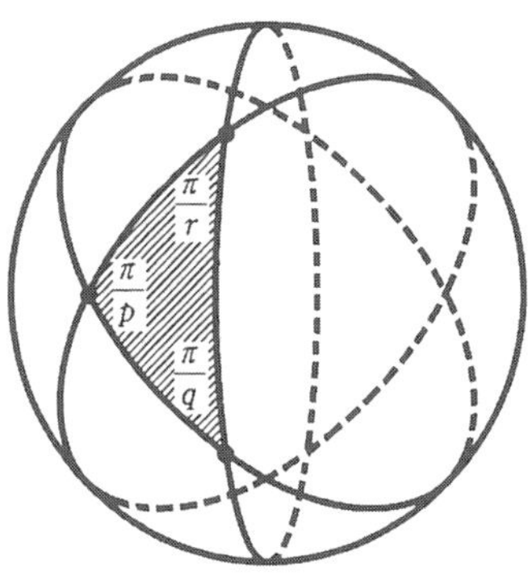

図 **11.20**

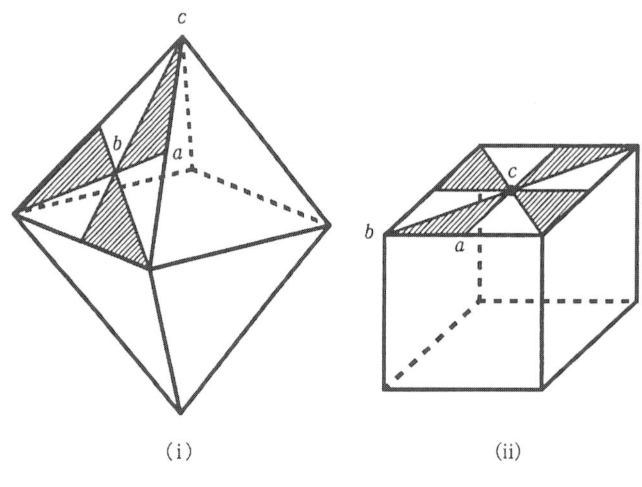

図 11.21

次に，$(2,3,4)$ 型の場合を調べよう．図 11.21 (i) のように，正 8 面体に 3 角形 abc を描く．軸 Oa, Ob, Oc についての，回転角 180 度，120 度，90 度の回転移動をそれぞれ A, B, C とする．これらで生成される群は，正 8 面体を不変にし，**正 8 面体群**とよばれる．これは，群 $S234$ であり，3 角形の個数を数えることにより，24 個の要素からなることもわかる．正 4 面体の場合と同じように，図 11.19 $(2,3,4)$ に示した球面 3 角形によるタイルばりが得られる．図 11.21 (ii) のように立方体の上の 3 角形から出発しても同じタイルばりが得られる．このことは，正 8 面体と立方体の**双対関係**から説明される．正 8 面体の各面の重心をつないでいくと立方体ができて，図 11.21 (i) と図 11.21 (ii) の 3 角形の対応を見ることができる．

群 $S235$ は**正 20 面体群**である．図 11.22 (i) の Oa, Ob, Oc についての，それぞれ，180 度，120 度，72 度の回転で生成される．図 11.19 $(2,3,5)$ は，対応する球面のタイルばりである．群の要素の個数は 60 である．正 12 面体との双対関係から，図 11.22 (ii) のような 3 角形からも群 $S235$ が構成される．

最後に残ったのは，$(2,2,n)$ の場合である．これは，図 11.19 $(2,2,n)$ に示した．群 $S22n$ は，**2 面体群**ともよばれ，$2n$ 個の要素からなる．ここで見た 4 通りの群は，いずれも，第 7 話で紹介した回転群 $SO(3)$ に含まれる有限群である．

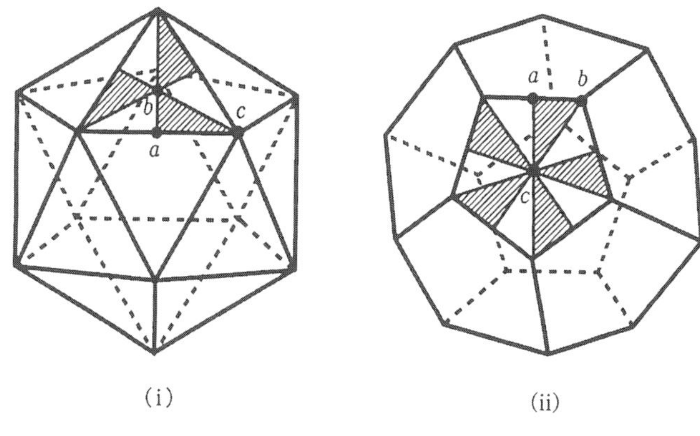

図 11.22

● 双曲 3 角形によるタイルばり

最後に，$\frac{1}{p}+\frac{1}{q}+\frac{1}{r}<1$ のときについて考えよう．このときは，条件を満たす (p,q,r) は無数に存在する．典型的な場合として，$(2,3,7)$ 型を調べてみよう．図 11.23 の 1 つ 1 つの 3 角形のタイルの辺は，一番外側の円と直角に交わる円の孤からなっている．

また，3 角形の内角は，それぞれ

$$\frac{\pi}{2},\quad \frac{\pi}{3},\quad \frac{\pi}{7}$$

となっている．対応する頂点について，角度

$$\frac{2\pi}{2},\quad \frac{2\pi}{3},\quad \frac{2\pi}{7}$$

の回転移動を考え，これらを A,B,C とおこう．ひとつの黒い 3 角形に，これらの変換をくりかえし施すと，図の黒い 3 角形がすべて得られる．円周に近づくにつれ，3 角形の大きさは見かけ上小さくなっていく．図では，周の近くは省略して描かれている．やはり，となりあう 2 つの 3 角形が基本領域となっていて，上の変換の作用によって，周を含めない円板がうめつくされる．変換 A,B,C は

$$A^2=B^3=C^7=ABC=I$$

を満たし，モノドロミー群を生成する．

図 **11.23** $(2,3,7)$ 型の双曲 3 角形によるタイルばり．

図 11.24 は，それぞれ $(2,3,\infty)$, (∞,∞,∞) の場合である．このうち，群 $(2,3,\infty)$ は，前回調べた複素上半平面に作用するモジュラー群と同じである．関係式

$$S^2 = (ST)^3 = I$$

を思い出そう．また，図 10.22（145 ページ）とも比較してみよう．これは，楕円曲線の周期 (10.17) への，組みひも群 B_3 の作用から得られ，またビューラウ行列の $t=-1$ の場合であった．一方，これを超幾何微分方程式のモノドロミー表現とみると，(∞,∞,∞) が得られる．同じ積分を考えているが，この場合は，組みひもとしては，対応するアミダくじの図式を見た場合，3 つの文字はそれぞれ固定される．群 $S\infty\infty\infty$ の基本領域が，$S23\infty$ の基本領域を 6 個よせ集めて構成されているのは，3 つの文字の入れ替えが 6 通りあることに対応している．群 $S238$ の対称性をモティーフにしたパターンを図 11.25 に示した．

● 双曲距離

図 11.19 のタイルばりでは，すべて合同な 3 角形によって，球面が分割されている．一方，図 11.23 では，3 角形の大きさは円周に近づくにつれて限りなく小

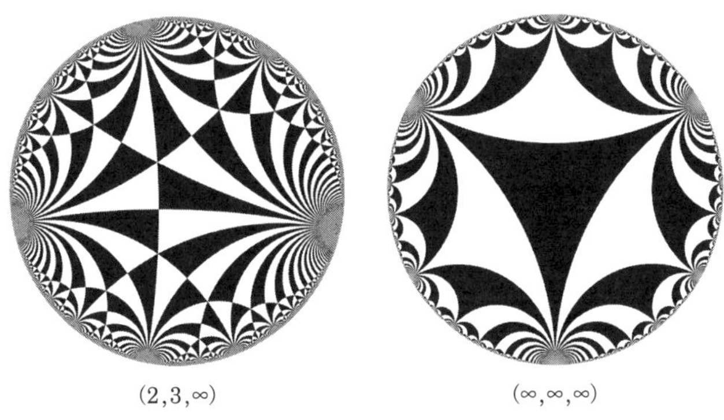

図 11.24 $(2,3,\infty)$ 型，(∞,∞,∞) 型の双曲 3 角形によるタイルばり．

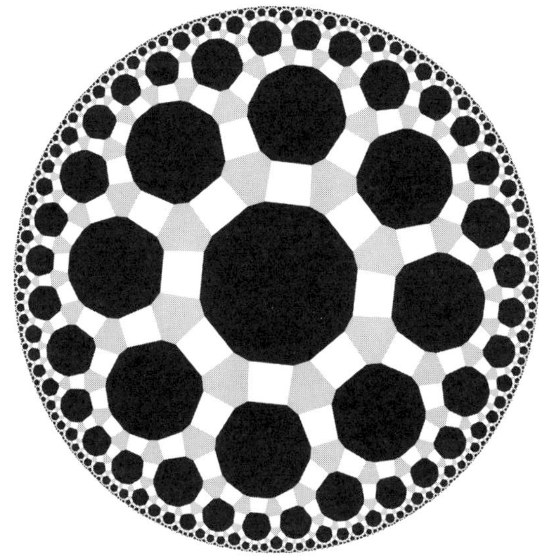

図 11.25 $S238$ の対称性をモチーフにしたパターン．

さくなっているように見える．実は，円板に次のようにして決まる**双曲距離**とよばれるものを導入し，この距離で測ると，すべてのタイルが合同になっている．双曲距離について説明しよう．

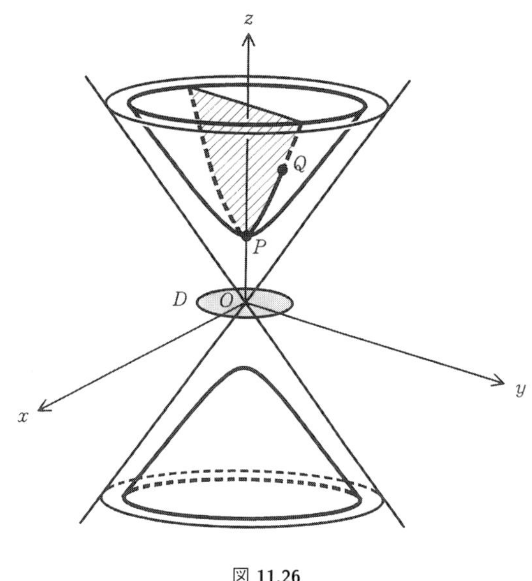

図 11.26

まず，図 11.26 に示した双曲面

$$x^2 + y^2 - z^2 = -1$$

を考えよう．これを z 軸を通る平面で切ると双曲線が現れ，双曲面はこれを z 軸のまわりに回転したものである．さて，図のように点 $P(0,0,1)$ を出発して，この双曲面に沿って先の平面上を進む曲線 PQ を考えよう．xy 平面上

$$x^2 + y^2 < 1$$

で定まる円板を D で表し，Q と $(0,0,-1)$ を結ぶ線分と D の交点を R とおく．

双曲距離とは，ユークリッド空間の通常の距離を与える

$$x^2 + y^2 + z^2$$

のかわりに，ミンコフスキー距離を与える

$$x^2 + y^2 - z^2$$

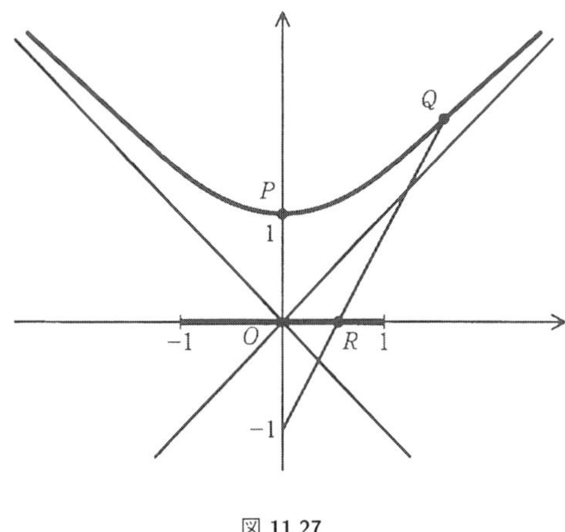

図 11.27

を双曲面上で考えたものである．

さて，曲線 PQ の双曲距離による長さを求めるのであるが，切り口を考えているので，図 11.27 のように平面で考え R の座標を $(t, 0)$ とおく．点 Q の座標は

$$\phi_1(t) = \frac{2t}{1-t^2}, \quad \phi_2(t) = \frac{1+t^2}{1-t^2}$$

で与えられる．それぞれ，t で微分して計算すると，

$$\phi_1'(t)^2 - \phi_2'(t)^2 = \frac{4}{(1-t^2)^2}$$

となる．双曲距離による長さは，積分

$$2\int_0^t \frac{dt}{1-t^2}$$

で与えられ，計算すると

$$\log\frac{1+t}{1-t}$$

となる．

これを用いて，円板 D の 2 点 O, R の距離を $\log\dfrac{1+t}{1-t}$ で定義しよう．この距離について考えると，図 11.23 の 3 角形は，すべて同じサイズになっている．詳しい考察は，読者に委ねよう．

ここで導入した距離は，ロバチェフスキー，ボヤイによって発見された**非ユークリッド幾何学**の構造を D に実現している．このように双曲距離が入った半径 1 の円の内部 D を**ポアンカレ円板**とよぶ．第 8 話で，4 次元時空において，光速の不変性を要求することにより

$$c^2t^2 - x^2 - y^2 - z^2$$

を変えないような変換を考えた．これが，ローレンツ変換であった．見方を変えると，ポアンカレ円板の合同変換は，ローレンツ変換の 3 次元版とみなすこともできる．

● 3 角形の内角の和と面積

再び，球面 3 角形の場合にもどろう．球面 3 角形の内角を α, β, γ として，この面積を問題にしよう．図 11.28 (i) のように，角度 α で交わる 2 つの大円により，面積が 2α の領域が 2 つできる．さらに，図 11.28 (ii) を用いて考察すると，この球面 3 角形の面積は

$$\alpha + \beta + \gamma - \pi$$

と求められる．球面 3 角形においては，内角の和が 180 度より大きくなるが，その差が面積を表すのである．一方，ここでは詳しくはふれられないが，双曲 3 角形においては，内角の和は 180 度より小さくなり，やはりその差が面積を表して

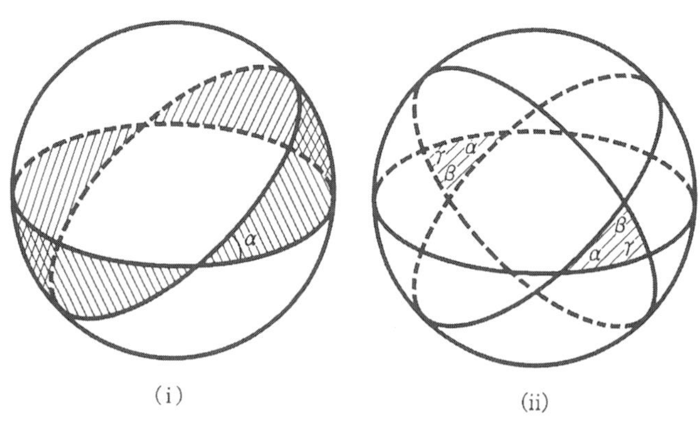

図 11.28

いる．

球面 3 角形の場合に，面積の公式と**オイラー数**との関係を述べておこう．図 11.19 では，球面が，内角

$$\frac{\pi}{p}, \quad \frac{\pi}{q}, \quad \frac{\pi}{r}$$

の合同な 3 角形でうめつくされている．3 角形の個数を n としよう．辺の個数は $\frac{3n}{2}$ となる．また，内角 $\frac{\pi}{p}, \frac{\pi}{q}, \frac{\pi}{r}$ に対応した頂点の個数はそれぞれ，

$$\frac{n}{2p}, \quad \frac{n}{2q}, \quad \frac{n}{2r}$$

となる．したがって，3 角形の面積の和が球の表面積に等しいことを示した式

$$n\pi\left(-1+\frac{1}{p}+\frac{1}{q}+\frac{1}{r}\right)=4\pi$$

は，変形すると

$$\frac{n}{2}\left(\frac{1}{p}+\frac{1}{q}+\frac{1}{r}\right)-\frac{3n}{2}+n=2$$

となり，オイラー数

（頂点の数）－（辺の数）＋（面の数）

が 2 に等しいことを示している．

● 軌道体

群 $Spqr$ は，$\frac{1}{p}+\frac{1}{q}+\frac{1}{r}$ の 1 との大小によって，球面，平面または円板に作用するのであった．この作用によって互いにうつりあう点を同一視すると，再び図 11.29 のように初めに考えた球面とその上の 3 点の図が得られる．点につけられた p, q, r の意味は次のとおりである．

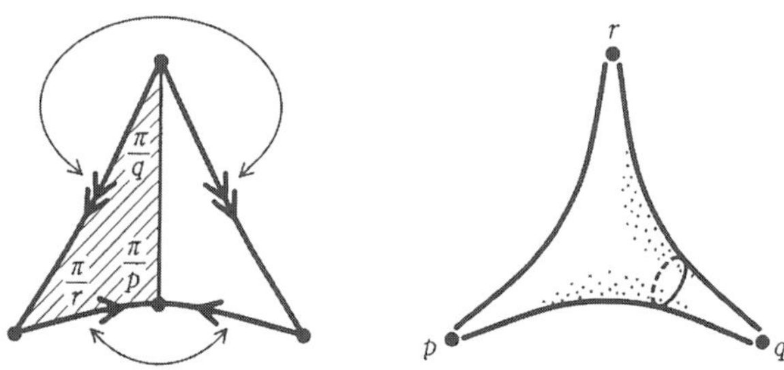

図 11.29　変換群の作用により基本領域の 4 角形の辺が図のように同一視され，とがった球面ができる．

上の同一視によって，タイルばりに現れる頂点のうち内角が $\frac{\pi}{p}$, $\frac{\pi}{q}$, $\frac{\pi}{r}$ に対応する点全体が，球面の p, q, r のマークのついた点にそれぞれうつされる．このような構造は，**軌道体**（オービフォールド）とよばれるものの例である．今回の構成は，超幾何微分方程式の解が，1 価な関数として定義される空間の幾何構造を調べたものと考えることができる．

付録 1

結び目のバシリエフ不変量

ジョーンズ多項式の発見以降の結び目の不変量の理論において，中心的な役割を果たしている概念のひとつがバシリエフによる有限型不変量である．構成された一連の不変量はバシリエフ不変量とよばれる．バシリエフ不変量の視点から，ジョーンズ多項式，コンウェイ多項式などをあらためて見直してみよう．

● 2 重点をもつ結び目

第 2 話で説明したように，結び目は円周 S^1 の 3 次元空間への埋め込みとして表すことができる．ここで，埋め込みという条件を弱めて，図 A1.1 のように，2 重点をもつような結び目を考えよう．**2 重点**とは，円周上の異なる 2 点が 1 点にうつされるような自己交差で，それぞれの速度ベクトルが 1 次独立になるものである．図 A1.1 に示したように，2 重点をもつ結び目を経由して，交差の上下を

図 **A1.1**

入れ替えることにより，三葉結び目を自明な結び目に変形することができる．

バシリエフは巻末の文献案内にあげた論文 [V] で，上の意味の 2 重点を有限個もつような結び目全体を考察した．このような特異点をもつ結び目を調べることによって，結び目の不変量を系統的に構成しようというのが，バシリエフのアイデアである．次の節で，バシリエフが抽出した有限型不変量の概念を説明しよう．

● 有限型不変量

向きのついた結び目の，実数に値をもつ不変量 v が与えられているとする．不変量 v を有限個の 2 重点をもつ結び目に拡張することを考える．図 A1.3 のように，2 重点 p をもつ結び目の図式 K_p に対して，2 重点を正の交差と負の交差で置き換えて得られる結び目を，それぞれ K_+, K_- とする．このとき，$v(K_p)$ の値を

$$v(K_p) = v(K_+) - v(K_-) \tag{A1.2}$$

で定める．

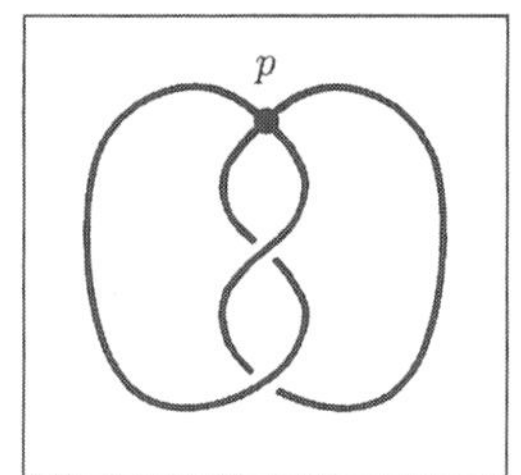

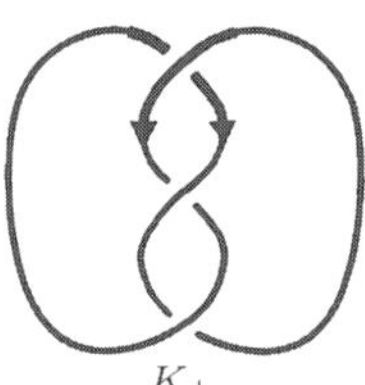

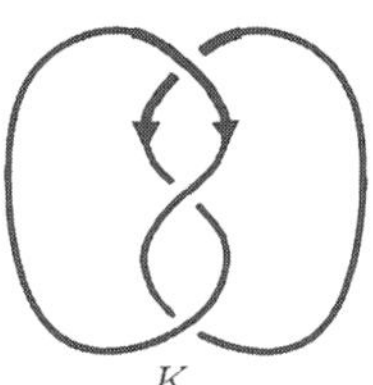

図 **A1.3**

2 重点を 2 個以上もつ結び目についても，この操作をくりかえして，不変量 v を拡張していく．図 A1.5 のように 2 重点 p_1, p_2 をもつ結び目 $K_{p_1p_2}$ について，それぞれの 2 重点を正または負の交差で置き換えて得られる 4 通りの結び目の不変量の交代和として

$$v(K_{p_1p_2}) = v(K_{++}) - v(K_{+-}) + v(K_{-+}) - v(K_{--}) \tag{A1.4}$$

で定める．一般に，i 個の 2 重点 $p_1, \cdots, p_i$ をもつ結び目 $K_{p_1 \cdots p_i}$ について，

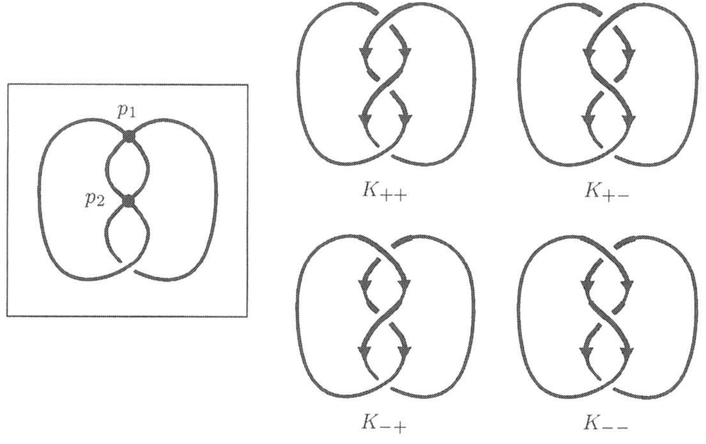

図 **A1.5**

$$v(K_{p_1\cdots p_i}) = \sum_{\varepsilon_1,\cdots,\varepsilon_i=\pm 1} \varepsilon_1 \cdots \varepsilon_i \, v(K_{\varepsilon_1\cdots\varepsilon_i}) \tag{A1.6}$$

で定める．ここで，右辺は $\varepsilon_1, \cdots, \varepsilon_i = \pm 1$ に対応する 2^i 個の交代和で，$K_{\varepsilon_1\cdots\varepsilon_i}$ は $\varepsilon_k = 1$ または $\varepsilon_k = -1$ に応じて，対応する 2 重点 p_k を正または負の交差で置き換えて得られる結び目を表す．結び目の不変量 v が次数 j の**バシリエフ不変量**であるとは，2 重点の個数 i が $i > j$ を満たすならば，つねに

$$v(K_{p_1\cdots p_i}) = 0 \tag{A1.7}$$

となることと定める．このようなバシリエフ不変量は結び目の**有限型不変量**ともよばれる．

第 9 話で取り上げた結び目のコンウェイ多項式を ∇_K で表す．∇_K は z を変数とする多項式である．コンウェイ多項式の計算例については，表 9.27（130 ページ）をご覧いただきたい．コンウェイ多項式 ∇_K の z^j の係数を $a_j(K)$ と書く．スケイン関係式

$$\nabla_{K_+} - \nabla_{K_-} = z \, \nabla_{K_0} \tag{A1.8}$$

をくりかえし用いて，

$$\sum_{\varepsilon_1,\cdots,\varepsilon_i=\pm 1} \nabla_{K_{\varepsilon_1\cdots\varepsilon_i}}$$

は z^i で割り切れることがわかる．たとえば，

$$\nabla_{K_{++}} - \nabla_{K_{+-}} + \nabla_{K_{-+}} - \nabla_{K_{--}}$$

は z^2 で割り切れる．これを用いると，$a_j(K)$ は $i > j$ ならば，つねに

$$\sum_{\varepsilon_1,\cdots,\varepsilon_i=\pm 1} \varepsilon_1 \cdots \varepsilon_i \, a_j(K_{\varepsilon_1\cdots\varepsilon_i}) = 0 \tag{A1.9}$$

を満たすことが導かれる．したがって，次の結論が得られる．

> 結び目 K のコンウェイ多項式の j 次の係数 $a_j(K)$ は次数 j のバシリエフ不変量である．

● コード図式

2 重点をもつ結び目を考える．これを，S^1 から 3 次元空間への写像と見て，同じ点にうつされる S^1 の 2 点を，図 A1.10 のように破線の弦で結ぶ．このようにして得られる図を，**コード図式**とよぶ．コード図式において，弦の端点はすべて異なる点である．弦の本数が j 本のとき，次数 j のコード図式とよぶ．次数 j のコード図式は j 個の 2 重点をもつ結び目のモデルである．

逆に次数 j のコード図式が与えられたとすると，弦で結ばれた点を同一視することにより，図 A1.10 に示したように 2 重点をもつ結び目を作ることができる．このとき，2 重点以外の交差の上下は定まらないので，2 重点をもつ結び目の作り方は一意的ではない．しかし，次が成り立つ．

> 結び目の次数 j のバシリエフ不変量は，j 本の弦をもつコード図式に対してある値を定める．

構成は次のようになされる．まず，次数 j のコード図式 D に対して弦で結ばれた点を同一視することにより，2 重点をもつ結び目を作る．結び目の不変量 v が次数 j のバシリエフ不変量であるとする．このとき，結び目の 2 重点を正または負の交差に取り直して，式 (A1.6) の交代和をとり，これを v のコード図式 D に対する値と定める．ここで，2 重点以外の交差の上下には不定性があるが，v が次数 j のバシリエフ不変量であるという条件 (A1.7) から，この値は 2 重点

(1) 次数 1 のコード図式

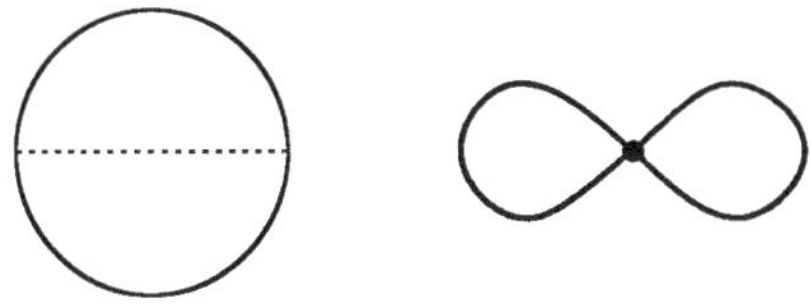

(2) 次数 2 のコード図式

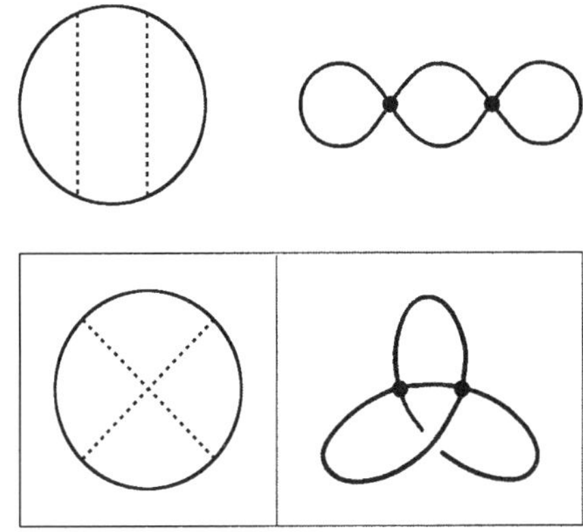

(3) 次数 3 の孤立弦を含まないコード図式

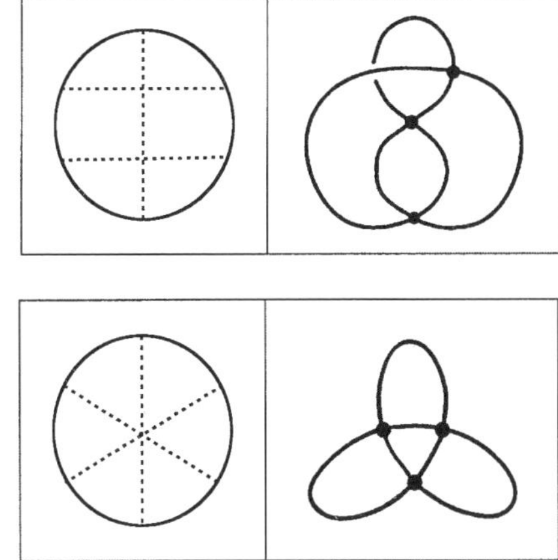

図 A1.10

以外の交差の上下にはよらずに一意的に決まる．このようにして，次数 j のバシリエフ不変量 v が与えられたとき，次数 j のコード図式 D に対する値が定まる．この値を $v(D)$ で表し，v に対応する D の**ウェイト**とよぶ．ここで，すべての次数 j のコード図式 D に対して $v(D)=0$ とすると，バシリエフ不変量の次数の定義から，v は次数 $j-1$ の不変量となることがわかる．

次数 0 のバシリエフ不変量は，式 (A1.7) から結び目の交差の上下によらないので，すべての結び目について同じ値をとる定数となる．

次数 1 のバシリエフ不変量について考察してみよう．結び目の不変量 v が次数 1 のバシリエフ不変量であるとする．図 A1.10 (1) の次数 1 のコード図式 D について，2 重点を正の交差と負の交差で置き換えると，ともに自明な結び目になる．したがって，$v(D)=0$ が成立し，v は次数 0 の不変量，つまり定数であることがわかる．このように，結び目のバシリエフ不変量は次数 1 の場合は定数で，次数 2 以上が本質的である．

次数 2 のコード図式は，図 A1.10 (2) に示した 2 通りのパターンが存在する．図 A1.10 (2) 上のコード図式 D については，それぞれの 2 重点を正の交差と負の交差で置き換えて得られる結び目はすべて自明な結び目になり，$v(D)=0$ が成立する．したがって，次数 2 のバシリエフ不変量は，図 A1.10 (2) 下のコード図式のウェイトによって本質的に決定される．

一般に，コード図式の弦において，両端点を結ぶ弧の上に他の弦の端点が存在しないとき，これを**孤立弦**とよぶ．孤立弦の端点を同一視して，2 重点をもつ結び目を作り，2 重点を正の交差と負の交差で置き換えた図式はライデマイスター移動 I でうつりあう．したがって，孤立弦をもつコード図式のウェイトはつねに 0 である．

● ジョーンズ多項式のテイラー展開

第 4 話で定義した結び目 K のジョーンズ多項式 $V_K(t)$ で $t=e^x$ とおいて，x についてテイラー展開してみよう．

K を三葉結び目とする．表 4.27（64 ページ）より，ジョーンズ多項式は

$$V_K(t)=t+t^3-t^4$$

である．ここで

$$t = e^x = 1 + x + \frac{x^2}{2!} + \frac{x^3}{3!} + \frac{x^4}{4!} + \cdots$$

とおくと

$$V_K(e^x) = 1 - 3x^2 - 6x^3 - \frac{29}{4}x^4 - \cdots$$

となる．

次に，K を 8 の字結び目として計算してみよう．ジョーンズ多項式は

$$V_K(t) = t^{-2} - t^{-1} + 1 - t + t^2$$

である．ここで $t = e^x$ とおいて

$$V_K(e^x) = 1 + 3x^2 + \frac{5}{4}x^4 + \cdots$$

となる．

一般に，次が成立する．

結び目 K のジョーンズ多項式を $V_K(t)$ とする．ここで，$t = e^x$ とおいて

$$V_K(e^x) = \sum_{j=0}^{\infty} v_j(K)x^j$$

と展開すると，$v_j(K)$ は結び目 K の次数 j のバシリエフ不変量である．

この結果は巻末の文献 [BL] で示された．第 4 話のジョーンズ多項式のいくつかの性質の項目で説明したように，ジョーンズ多項式の変数 t に 1 を代入すると，つねに値は 1 になることから，上の展開で $x = 0$ とおいて両辺を比較すると，定数項についてはつねに $v_0(K) = 1$ であることがわかる．また，$v_1(K)$ が次数 1 のバシリエフ不変量であることを用いて考察すると，$v_1(K) = 0$ となることが導かれる．

展開の係数 $v_j(K)$ が次数 j のバシリエフ不変量であることは，次のように示される．第 5 話で説明したボルツマンウェイトの積の統計和によるジョーンズ多項式の表示を用いる．局所的に正の交差と負の交差のある図式を比較する．行列 (5.10) と (5.11) の差を $A = e^{-\frac{x}{4}}$ を用いて計算すると，すべてのステートにつ

いて，正の交差と負の交差のボルツマンウェイトの差は x で割り切れることがわかる．したがって，

$$V_{K_+}(e^x) - V_{K_-}(e^x)$$

は x で割り切れる．これを用いて，コンウェイ多項式の場合と同じ議論により，テイラー展開の係数 $v_j(K)$ は次数 j のバシリエフ不変量であることが導かれる．

● 2 次のバシリエフ不変量

結び目の次数 2 のバシリエフ不変量に注目してみよう．次数 2 のコード図式は図 A1.10 (2) に示したタイプのものしかない．したがって，次数 2 のバシリエフ不変量は，対応するこのコード図式のウェイトによって，本質的に定数倍を除いて一意的に定まることになる．ジョーンズ多項式のテイラー展開の 2 次の係数 $v_2(K)$ とコンウェイ多項式の 2 次の係数 $a_2(K)$ は，ともに次数 2 のバシリエフ不変量である．したがって，ある定数 α, β が存在して，すべての結び目 K について

$$v_2(K) = \alpha\, a_2(K) + \beta$$

となる．三葉結び目と 8 の字結び目についての計算結果を用いると $\alpha = -3, \beta = 0$ となり，次が導かれる．

> 結び目 K のコンウェイ多項式の 2 次の係数 $a_2(K)$ とジョーンズ多項式のテイラー展開の 2 次の係数 $v_2(K)$ の間には
>
> $$v_2(K) = -3\, a_2(K)$$
>
> が成立する．

ジョーンズ多項式とコンウェイ多項式は，異なる方法によって構成されたものであるが，バシリエフ不変量という考え方を通して，その 2 次の係数が関連していることが導かれるのは，興味深い．

さらに，高次のバシリエフ不変量を考えると，ウェイトは孤立弦をもつコード図式において 0 になるという関係に加えて，図 A1.11 に示した，3 重点の 4 通りの解消のしかたにともなって得られる **4 項関係式**が成立する．ここでは，バシリエフ不変量からコード図式のウェイトを導いたが，逆に孤立弦を

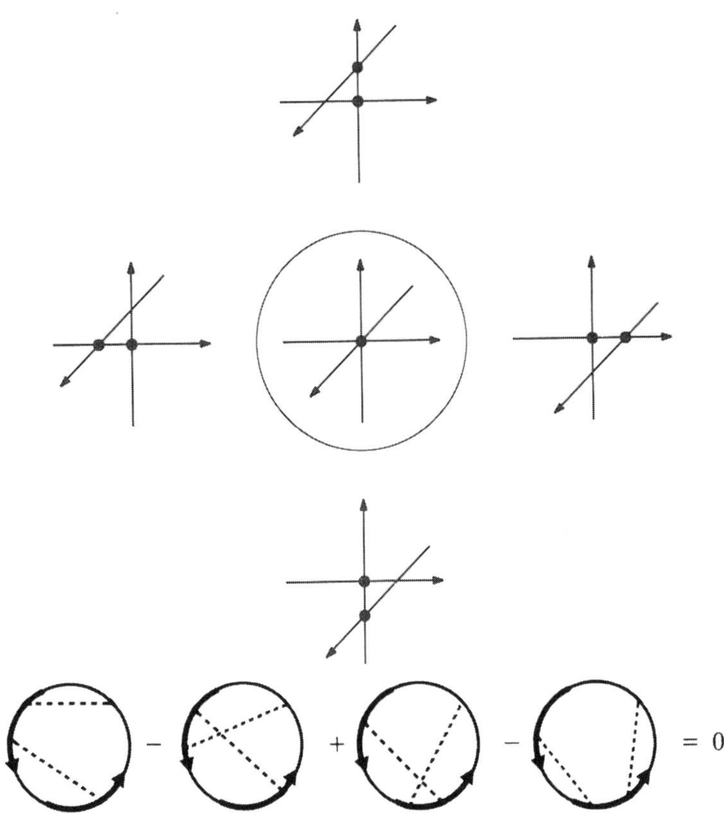

4 項関係式：矢印で示した弧には他の弦の端点が含まれないとする．

図 **A1.11**

もつコード図式では 0 で，4 項関係式を満たすようなコード図式上のウェイトからバシリエフ不変量を構成することはコンツェビッチ積分を用いてなされる．以下にあげた文献を参照していただきたい．

● 付録 1 のための文献

[A1-1] M. Kontsevich, Vassiliev's knot invariants, *Adv. Soviet Math.* **16** (1993), 137–150.

[A1-2] T. Ohtsuki, *Combinatorial Quantum Method in 3-dimensional Topology*, MSJ Memoirs **3**, Math. Soc. of Japan, 1999.

[A1-3] 河野俊丈著,『場の理論とトポロジー』，岩波書店，2008.

付録2

組みひもと圏論

圏論は 1940 年代にアイレンバーグとマクレーンによって，代数的位相幾何学の枠組みを明確に記述する目的で導入された．その後，圏と関手の概念は，数学のさまざまな分野を記述する共通の言語として用いられ，注目されるようになった．ここでは，組みひもから構成される圏について解説する．

● 圏とは何か

圏の定義を述べる前に，有限個の要素からなる集合の間の写像について見ておこう．n を 0 以上の整数として，n に整数の集合 $\{1, \cdots, n\}$ を対応させる．ただし，n が 0 のとき，対応する集合は空集合 $\varnothing$ と定める．0 以上の整数 m, n について写像

$$f : \{1, \cdots, m\} \longrightarrow \{1, \cdots, n\}$$

は，自然数 $1, \cdots, m$ に対して，$1, \cdots, n$ のいずれかの値を与えることによって定まる．m, n に対して，このような写像 $f : \{1, \cdots, m\} \to \{1, \cdots, n\}$ 全体のなす集合を記号 $\mathbf{M}(m, n)$ で表すことにする．

写像 $f : \{1, \cdots, m\} \to \{1, \cdots, n\}$, $g : \{1, \cdots, \ell\} \to \{1, \cdots, m\}$ について，それらの合成 $f \circ g$ が

$$(f \circ g)(j) = f(g(j)), \quad j = 1, \cdots, \ell$$

によって定まる.

写像の合成についての基本的な性質をまとめておこう. まず, 3 つの写像の合成について結合法則

$$(f \circ g) \circ h = f \circ (g \circ h) \tag{A2.1}$$

が成り立つ.

集合 $\{1, \cdots, n\}$ から $\{1, \cdots, n\}$ への写像で, すべての要素 j を j 自身にうつすものを $\{1, \cdots, n\}$ の恒等写像とよび 1_n で表す. このとき, $\{1, \cdots, m\}$ から $\{1, \cdots, n\}$ への任意の写像 f に対して

$$1_n \circ f = f = f \circ 1_m \tag{A2.2}$$

が成り立つ.

ここに挙げた写像についての性質は, 自明なことを述べているように見えるかもしれないが, 実はこれらが圏の定義の本質をなしている. 圏の一般的な定義は次の通りである.

圏 (category) とは, 以下のような集まりで, 条件 (1), (2) を満たすものである.

- **対象** (object) $x, y, z, \cdots$
- 対象の間の**射** (morphism) $f, g, h, \cdots$. ここで, 対象 x, y とその間の射 f を矢印 $f : x \to y$ で表す.
- 射 $f : y \to z$, $g : x \to y$ に対して合成とよばれる射 $f \circ g : x \to z$ が定まる.
- それぞれの対象 x について恒等射 1_x が与えられている.

(1) 射の合成について結合法則

$$(f \circ g) \circ h = f \circ (g \circ h)$$

が成り立つ.

(2) 任意の射 $f : x \to y$ に対して

$$1_y \circ f = f = f \circ 1_x$$

が成り立つ.

対象を n を 0 以上の整数全体として, 対象 m と n の間の射を写像 $f : \{1, \cdots, m\} \to \{1, \cdots, n\}$ 全体のなす集合 $\mathbf{M}(m, n)$ とすると圏が定まる. これは有限集合とその間の写像のなす圏である.

一般に対象を集合全体として, 集合 X, Y に対してその間の写像 $f : X \to Y$ を X から Y への射と定めると圏が定義される. これは集合とその間の写像のなす圏であり **Set** で表す. $\mathbf{K}$ を実数全体 $\mathbf{R}$ または複素数全体 $\mathbf{C}$ とする. 対象を $\mathbf{K}$ 上の線型空間全体, 射を線型空間の間の線型写像と定めた圏を $\mathbf{Vct_K}$ で表す. 読者はこれまでに学んできた数学からさまざまな圏を想起していただきたい.

圏 $\mathcal{C}$ において, 対象 x, y について, 射 $f : x \to y$ が可逆であるとは, 射 $g : y \to x$ が存在して, $g \circ f = 1_x$, $f \circ g = 1_y$ となることである. 可逆な射 $f : x \to y$ が存在するとき, 対象 x と y は同型であるといい, $x \cong y$ で表す. 群 G は対象が 1 つの要素からなり, すべての射が可逆であるような圏として捉えることができる.

集合とその間の写像のなす圏 **Set** を考えよう. 集合 X, Y の間の写像 $f : X \to Y$ が単射であるとは, $x, y \in X$ について $f(x) = f(y)$ ならば $x = y$ が成り立つことである. 圏論では, このような性質を集合の要素を取り出すことなく, 対象とその間の射の言葉で表現する. $f : X \to Y$ が単射であるという性質は, 対象 W と射 $g_1 : W \to X$, $g_2 : W \to X$ について, $f \circ g_1 = f \circ g_2$ ならば $g_1 = g_2$ が成り立つと言い換えることができる. 一般の圏におけるこのような射の性質はモニックとよばれる.

圏 $\mathcal{C}$, $\mathcal{D}$ について $F : \mathcal{C} \to \mathcal{D}$ が**関手** (functor) であるとは, $\mathcal{C}$ の対象 x に対して $\mathcal{D}$ の対象 $F(x)$, $\mathcal{C}$ の射 $f : x \to y$ に対して $\mathcal{D}$ の射 $F(f) : F(x) \to F(y)$ が定まり, 以下の条件 (1), (2) を満たすことである.

(1) $\mathcal{C}$ の射 f, g の合成 $f \circ g$ について

$$F(f \circ g) = F(f) \circ F(g)$$

が成り立つ.

(2) $\mathcal{C}$ の任意の対象 x について

$$F(1_x) = 1_{F(x)}$$

となる.

このとき, F は共変関手であるという. 上の条件 (1) の代わりに $F(f \circ g) = F(g) \circ F(f)$ が成り立つとき, F は反変関手であるという.

● 組みひも圏

第 1 話で定義したように, n 本のひもからなる組みひも群を B_n で表す. 組みひも群を用いて次のように圏 $\mathbf{B}$ を構成する. 圏 $\mathbf{B}$ の対象は正の整数全体とする. 対象 m, n に対してそれらの間の射の集合 $\mathbf{B}(m, n)$ を

$$\mathbf{B}(m,n) = \begin{cases} B_n, & m = n \\ \varnothing, & m \neq n \end{cases}$$

で定める. つまり $\mathbf{B}(n, n)$ は n 本のひもからなる組みひも全体であり, 射 f, g の合成 $f \circ g$ は対応する組みひもの合成として, 第 1 話の図 1.11 (7 ページ) のように定義する. 図 1.11 の x, y を f, g と読み替えていただきたい. 組みひもを射と見るときは, 対象の間の矢印は組みひも図式の下から上に向かっていると考える. 射の合成についての結合法則は図 1.13 (8 ページ) のように示される. また, 恒等射 1_n は図 1.12 (7 ページ) に示した n 本のひもからなる自明な組みひもである. 圏 $\mathbf{B}$ を**組みひも圏**とよぶ.

B_m の要素 f_1 と B_n の要素 f_2 に対して, 図 A2.3 のようにこれらを横に並べることにより, $m+n$ 本のひもからなる組みひもを構成することができる. このようにして得られる B_{m+n} の要素を $f_1 + f_2$ で表す. この構成を組みひも圏 $\mathbf{B}$ で記述してみよう. 対象 m と射 $f_1 : m \to m$, 対象 n と射 $f_2 : n \to n$ について, 上のように f_1 と f_2 に対応する組みひもを横に並べることによって, 射

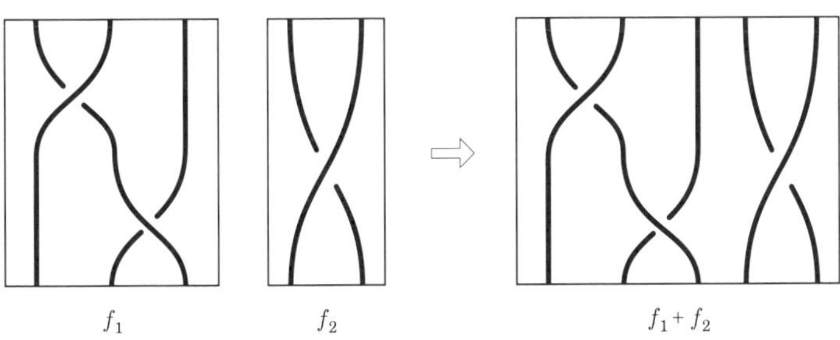

図 **A2.3** 組みひも f_1 と f_2 を横に並べることによって得られる射 f_1+f_2.

$$f_1 + f_2 : m + n \longrightarrow m + n$$

が得られる．また，横に並べるときの順序を反対にした対象について，図 A2.4 の組みひもで表される射

$$c_{m,n} : m + n \longrightarrow n + m$$

が得られる．このとき，射の合成 $c_{n,m} \circ c_{m,n}$ は対象 $m+n$ の恒等射ではないことに注意しよう．

図 **A2.4** 射 $c_{3,2}$ を定める組みひも．

● 線型空間のテンソル積

V を m 次元線型空間，W を n 次元線型空間とする．V の基底を $\boldsymbol{e}_1, \cdots, \boldsymbol{e}_m$，$W$ の基底を $\boldsymbol{f}_1, \cdots, \boldsymbol{f}_n$ とする．V と W のテンソル積 $V \otimes W$ は，記号

$$\boldsymbol{e}_i \otimes \boldsymbol{f}_j, \quad 1 \leq i \leq m, \quad 1 \leq j \leq n$$

を基底とするような mn 次元の線型空間である．V の要素 $v=\sum_{i=1}^{m} a_i\boldsymbol{e}_i$ と W の要素 $w=\sum_{j=1}^{n} b_j\boldsymbol{f}_j$ に対して，$v\otimes w\in V\otimes W$ を

$$v\otimes w=\sum_{i=1}^{m}\sum_{j=1}^{n} a_ib_j\,\boldsymbol{e}_i\otimes\boldsymbol{f}_j$$

で定める．

線型写像 $\alpha:V\to V$, $\beta:W\to W$ について，線型写像のテンソル積 $\alpha\otimes\beta: V\otimes W\to V\otimes W$ を

$$(\alpha\otimes\beta)(v\otimes w)=\alpha(v)\otimes\beta(w),\quad v\in V,\quad w\in W$$

で定義する．線型写像 $\alpha:V\to V$ が基底 $\boldsymbol{e}_1,\cdots,\boldsymbol{e}_m$ を用いて

$$\alpha(\boldsymbol{e}_j)=\sum_{i=1}^{m} a_{ij}\boldsymbol{e}_i,\quad j=1,\cdots,m$$

と表されているとする．このとき，α には i 行 j 列成分が a_{ij} であるような行列 A が対応する．同様に線型写像 $\beta:W\to W$ が基底 $\boldsymbol{f}_1,\cdots,\boldsymbol{f}_n$ を用いて

$$\beta(\boldsymbol{f}_\ell)=\sum_{k=1}^{n} b_{k\ell}\boldsymbol{f}_k,\quad \ell=1,\cdots,n$$

と表されているとすると，β には行列 $B=(b_{k\ell})$ が対応する．このとき，線型写像 $\alpha\otimes\beta:V\otimes W\to V\otimes W$ は $V\otimes W$ の基底を用いて

$$(\alpha\otimes\beta)(\boldsymbol{e}_j\otimes\boldsymbol{f}_\ell)=\sum_{i=1}^{m}\sum_{k=1}^{n} a_{ij}b_{k\ell}\,\boldsymbol{e}_i\otimes\boldsymbol{f}_k$$

で表される．

線型写像 $\alpha\otimes\beta$ に対応する行列を A と B を用いて表してみよう．そのために，$V\otimes W$ の基底の順序を

$$\boldsymbol{e}_1\otimes\boldsymbol{f}_1,\cdots,\boldsymbol{e}_1\otimes\boldsymbol{f}_n,\boldsymbol{e}_2\otimes\boldsymbol{f}_1,\cdots,\boldsymbol{e}_2\otimes\boldsymbol{f}_n,\cdots,\boldsymbol{e}_m\otimes\boldsymbol{f}_1,\cdots,\boldsymbol{e}_m\otimes\boldsymbol{f}_n$$

で定め，$\alpha\otimes\beta$ に対応する行列を $A\otimes B$ で表す．行列 $A\otimes B$ を行列 A, B のクロネッカー積とよぶ．たとえば，$m=n=2$ で

$$A = \begin{pmatrix} a_{11} & a_{12} \\ a_{21} & a_{22} \end{pmatrix}, \quad B = \begin{pmatrix} b_{11} & b_{12} \\ b_{21} & b_{22} \end{pmatrix}$$

のとき，$A \otimes B$ は 4 次の正方行列で，

$$A \otimes B = \begin{pmatrix} a_{11}B & a_{12}B \\ a_{21}B & a_{22}B \end{pmatrix}$$

と表される．ここで，$a_{11}B$ は

$$\begin{pmatrix} a_{11}b_{11} & a_{11}b_{12} \\ a_{11}b_{21} & a_{11}b_{22} \end{pmatrix}$$

と表される 2 次の正方行列のブロックで，他のブロックについても同様である．

3 つの線型空間 V_1, V_2, V_3 について，それらのテンソル積 $V_1 \otimes V_2 \otimes V_3$ は次のように構成される．まず，V_1 と V_2 のテンソル積 $V_1 \otimes V_2$ をとり，この線型空間と V_3 のテンソル積 $(V_1 \otimes V_2) \otimes V_3$ をつくる．このとき線型空間の自然な同型

$$(V_1 \otimes V_2) \otimes V_3 \cong V_1 \otimes (V_2 \otimes V_3) \tag{A2.5}$$

が成り立つ．このようにして得られる線型空間がテンソル積 $V_1 \otimes V_2 \otimes V_3$ である．これを繰り返すことにより，任意の個数の線型空間のテンソル積を定義することができる．$V_1 = V_2 = \cdots = V_k = V$ のとき，$V_1 \otimes \cdots \otimes V_k$ を V の k 階テンソル積とよび，$V^{\otimes k}$ で表す．

テンソル積について，線型空間とその間の線型写像の圏 $\mathbf{Vct_K}$ の言葉で整理してみよう．圏 $\mathbf{Vct_K}$ の対象 V, W についてテンソル積 $V \otimes W$ が定義される．また，上に説明した方法によって，射 f, g に対して，それらのテンソル積 $f \otimes g$ が定義される．テンソル積について，線型同型 (A2.5) に加えて $\mathbf{Vct_K}$ の対象 V についての線型同型

$$V \otimes \mathbf{K} \cong V, \quad \mathbf{K} \otimes V \cong V$$

が成り立つ．また，線型同型写像

$$c_{VW} : V \otimes W \longrightarrow W \otimes V$$

が $c_{VW}(v \otimes w) = w \otimes v,\ v \in V,\ w \in W$ によって定義される．ここで，組みひ

も圏の + とは異なり

$$c_{WV} \circ c_{VW} = 1_{V \otimes W}$$

が成り立つ．このような性質をもつ圏は一般的には，モノイダルテンソル圏とよばれる．

● 組みひも圏の表現

第 5 話では，カウフマンのブラケット多項式を状態和として表すために，組みひも σ_i に対応して式 (5.10)（76 ページ）の行列

$$R = \begin{pmatrix} A & 0 & 0 & 0 \\ 0 & 0 & A^{-1} & 0 \\ 0 & A^{-1} & A - A^{-3} & 0 \\ 0 & 0 & 0 & A \end{pmatrix} \tag{A2.6}$$

を求めた．この行列を R 行列とよぶ．これをテンソル積の立場から見直してみよう．ここでは，A は複素変数と考えることにする．

V を 2 次元複素線型空間として，基底 $\boldsymbol{e}_1, \boldsymbol{e}_2$ をとる．第 5 話で説明した，辺に対して与える状態 $+, -$ を，線型空間 V の基底 $\boldsymbol{e}_1, \boldsymbol{e}_2$ にそれぞれ対応させ，R 行列の行と列の成分を表す $(++), (+-), (-+), (--)$ を $V \otimes V$ の基底

$$\boldsymbol{e}_1 \otimes \boldsymbol{e}_1, \quad \boldsymbol{e}_1 \otimes \boldsymbol{e}_2, \quad \boldsymbol{e}_2 \otimes \boldsymbol{e}_1, \quad \boldsymbol{e}_2 \otimes \boldsymbol{e}_2$$

に対応させると，R 行列は線型変換

$$R : V \otimes V \longrightarrow V \otimes V$$

を定めると解釈することができる．

V の n 階テンソル積 $V^{\otimes n}$ に対して，R 行列によるテンソル積の i 番目と $i+1$ 番目への作用を $R_i : V^{\otimes n} \to V^{\otimes n}$ で表す．たとえば，$n = 3$ のとき，2 次の単位行列を I として R_1, R_2 は

$$R_1 = R \otimes I, \quad R_2 = I \otimes R$$

で定まる $V \otimes V \otimes V$ の線型変換であり，第 5 話で述べたように，ヤン-バクス

ター方程式

$$R_1R_2R_1 = R_2R_1R_2 \tag{A2.7}$$

を満たす.

一般の n については，組みひも関係式

$$R_iR_{i+1}R_i = R_{i+1}R_iR_{i+1}, \quad i = 1, \cdots, n-2 \tag{A2.8}$$

$$R_iR_j = R_jR_i, \quad |i-j| > 1 \tag{A2.9}$$

が成立する．したがって，組みひも σ_i, $1 \le i \le n-1$ に対して線型写像 $R_i : V^{\otimes n} \longrightarrow V^{\otimes n}$ を対応させることにより，写像

$$\rho : B_n \longrightarrow GL(V^{\otimes n}) \tag{A2.10}$$

で，B_n の要素 f, g に対して

$$\rho(f \circ g) = \rho(f) \circ \rho(g) \tag{A2.11}$$

を満たすものが構成できる．ここで，$GL(V^{\otimes n})$ は $V^{\otimes n}$ の可逆な線型変換全体を表す．また，$\rho(f) \circ \rho(g)$ は線型変換 $\rho(f)$ と $\rho(g)$ の合成を表す．自明な組みひもは ρ によって恒等変換にうつされる．組みひも f の逆元 f^{-1} については，$\rho(f^{-1}) = \rho(f)^{-1}$ となる.

ここで構成した ρ は，次のようにして，組みひも圏 $\mathbf{B}$ から線型空間の圏への共変関手

$$\rho : \mathbf{B} \longrightarrow \mathbf{Vct_K}$$

と見ることができる．ここで，$\mathbf{K} = \mathbf{C}$ とする．圏 $\mathbf{B}$ の対象 n については，$\rho(n) = V^{\otimes n}$ と定める．また，圏 $\mathbf{B}$ の射 $f \in B_n$ に対して式 (A2.10) で与えられる ρ によって $\rho(f)$ を圏 $\mathbf{Vct_K}$ の射として定める．このとき，式 (A2.11) を用いて，ρ が共変関手となることがわかる．さらに，圏 $\mathbf{B}$ の $+$ と圏 $\mathbf{Vct_K}$ のテンソル積 $\otimes$ について

$$\rho(f + g) = \rho(f) \otimes \rho(g) \tag{A2.12}$$

となることが確かめられる．ここで，$f \in B_m$, $g \in B_n$ のとき，$\rho(f) \otimes \rho(g)$ は $V^{\otimes(m+n)}$ の線型変換とみなす．以上をまとめておこう.

組みひも σ_i に対して $\rho(\sigma_i) = R_i : V^{\otimes n} \to V^{\otimes n}$ を対応させることによって，共変関手 $\rho : \mathbf{B} \to \mathbf{Vct_K}$ が定まる．ここで，$\mathbf{B}$ の対象 n について $\rho(n) = V^{\otimes n}$ である．さらに，$\mathbf{B}$ の射 f, g について $\rho(f+g) = \rho(f) \otimes \rho(g)$ が成り立つ．

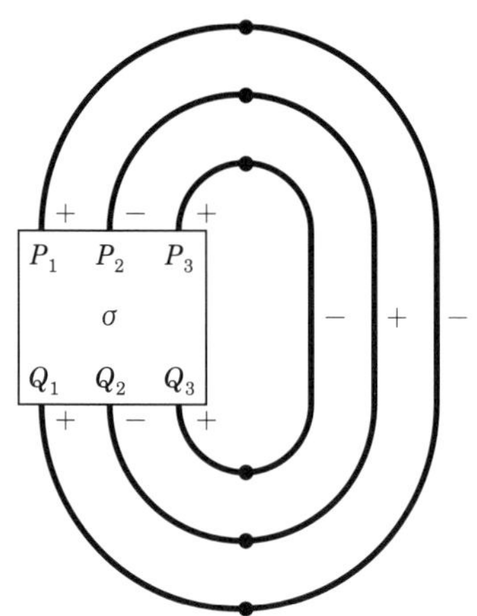

図 **A2.13** 組みひも σ を閉じて得られるリンクダイアグラムの状態和．

次に ρ を用いて，カウフマンのブラケット多項式を計算する方法について説明しよう．リンクダイアグラム D が $\sigma \in B_n$ の両端を閉じて得られるとする．第 5 話で，図 A2.13 のようにグラフの辺に符号 $+$ または $-$ の状態を与えて，カウフマンのブラケット多項式を状態和として記述した．グラフで黒丸によって示した頂点に対応する行列 M の形は，表 5.9 c（75 ページ）で与えられる．それぞれの状態についての値が 0 にならないのは，図 A2.13 の P_j, $1 \leq j \leq n$ を通る辺の符号と Q_j を通る辺の符号が，それぞれ一致する場合に限る．

一般に行列 $A = (a_{ij})$ について対角成分の和 $\sum_i a_{ii}$ を A のトレースとよび，$\mathrm{Tr}(A)$ で表す．行列 M の成分を見ると，リンクダイアグラム D に対するカウフマンのブラケット多項式は，行列

$$K = \begin{pmatrix} -A^2 & 0 \\ 0 & -A^{-2} \end{pmatrix}$$

と ρ を用いて

$$\langle D \rangle = \mathrm{Tr}(K^{\otimes n}\rho(\sigma)) \qquad \text{(A2.14)}$$

で表されることがわかる．このように行列 $K^{\otimes n}$ をかけてからトレースをとったものを $\rho(\sigma)$ の量子トレースとよぶ．さらに，リンクダイアグラム D には組みひもに上から下の向きを与えることにより，向きが定まるので，対応する向きのついたリンクのジョーンズ多項式は，カウフマンのブラケット多項式を用いて，第4話で説明した方法によって計算することができる．

● 組みひもコボルディズム

この節では，n 本のひもからなる組みひも g, h が与えられたとき，それらをつなぐ，2 重点を持つ組みひもの族を考える．まず，組みひも g, h を第 1 話の図 1.2（2 ページ）のように立方体の中に表して固定する．立方体の底面を D として，立方体を単位区間 $I = [0,1]$ との直積として $D \times I$ で表す．$\mathbf{R}^4$ の部分集合 $D \times I \times I$ において，$D \times I \times \{t\}, 0 \leq t \leq 1$ の組みひも β_t で以下の条件を満たすものを考える．

(1) $t = 0$ と $t = 1$ では，それぞれ $\beta_0 = g, \beta_1 = h$ となる．

(2) 2 重点を持つ組みひもは高々有限個の $t = t_1, t_2, \cdots, t_k$ のみで現れ，その前後での組みひもの族 β_t は，局所的には図 A2.15 に示した，σ_i の生成または消滅，σ_i^{-1} の生成または消滅で表される．

(3) $t \neq t_1, t_2, \cdots, t_k$ においては，β_t は組みひもとして連続的に変形し，B_n の要素とみなすと変化しない．

このような 2 重点を持つような組みひもの族を，組みひも g, h の間の**組みひもコボルディズム**とよぶ．図 A2.16 に組みひもコボルディズムの例を示した．このような 2 重点を持つような組みひもの族 β_t は，$D \times I \times I$ 内の曲面 S を与える．$D \times I \times I$ の $I \times I$ 方向の射影によって得られる写像

$$\pi : S \longrightarrow I \times I$$

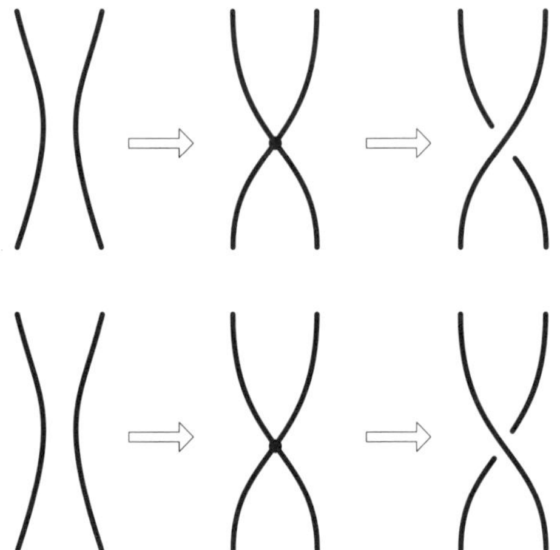

図 A2.15　自明な組みひもから 2 重点を経由した組みひも σ_i, σ_i^{-1} の生成．組みひも σ_i, σ_i^{-1} の消滅はこの図の矢印を反対にした操作である．

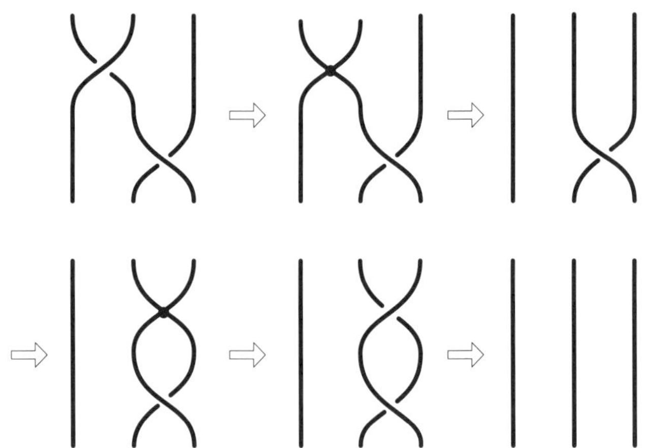

図 A2.16　組みひも $\sigma_1\sigma_2^{-1}$ から自明な組みひもに至る組みひもコボルディズム．

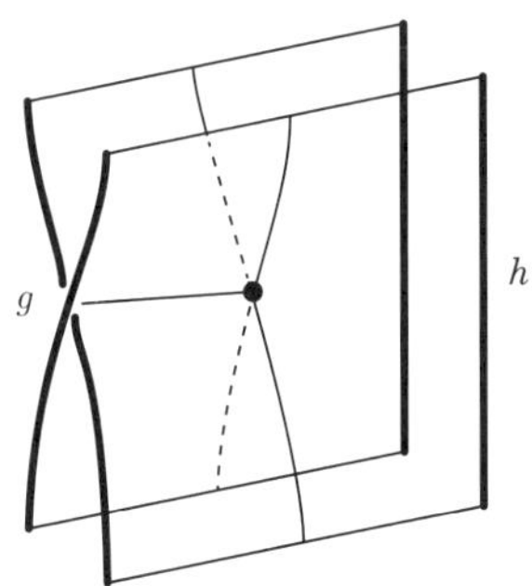

図 **A2.17** 組みひもコボルディズムと 2 重分岐被覆.

は, 2 重点のまわりでは, 局所的には図 A2.17 に示したように 2 重分岐被覆になっている. これは, 第 10 話で説明した $\sqrt{z}$ のリーマン面の状況である. 組みひもコボルディズムは 4 次元空間 $\mathbf{R}^4$ 内の曲面を研究するために有用である. 詳しくは文献 [A2-2] を参照していただきたい.

組みひも圏では, 組みひもを射 $f : n \to n$ とみなした. 組みひもコボルディズムは, 射 g と h の間の射を与えていると解釈することができる. このように, 射と射の間に新たに構成された射を 2-射 (2-morphism) とよぶ. また, 対象と射, および 2-射からなる構造を 2-圏 (2-category) とよぶ. 組みひもコボルディズムは, 2-圏の構造を定めると考えることができる. 2-射の合成については, パラメータ t の方向の合成と組みひもの合成に対応する合成の 2 通りが存在する. 組みひもコボルディズムによって構成される 2-圏の研究は, リンクの不変量の圏化 (categorification) とも関連した興味深いテーマである.

● 付録 2 のための文献

[A2-1] 伊藤 昇著,『結び目理論の圏論』, 日本評論社, 2018.

[A2-2] 鎌田聖一著,『曲面結び目理論』,（シュプリンガー現代数学シリーズ）, 丸善出版, 2012.

[A2-3] 村上 順著,『結び目と量子群』, 朝倉書店, 2000.

文献案内

この本のテーマである組みひも群と結び目理論に関する書物をいくつかあげておこう.

［1］クロウェル-フォックス著，寺阪英孝，野口 廣訳,『結び目理論入門』，岩波書店，1967，1990 再版.

［2］鈴木晋一著,『結び目理論入門』，サイエンス社，1991.

［3］河内明夫編著,『結び目理論』，シュプリンガー・フェアラーク東京，1990.

［4］村杉邦男著,『組み紐の幾何学』，ブルーバックス，講談社，1982.

［5］村上 斉著,『結び目のはなし』，遊星社，1990（［新装版］日本評論社，2022）.

［6］J. S. Birman, *Braids, links, and mapping class groups*, Annals of Mathematics Studies **82**, Princeton University Press, 1975.

［7］D. Rolfsen, *Knots and links*, Publish or Perish, 1976.

［8］G. Burde and H. Zieschang, *Knots*, Walter de Gruyter, 1985.

［9］M. Atiyah, *The geometry and physics of knots*, Cambridge University Press, 1990.

［10］L. H. Kauffman : *On knots*, Annals of Mathematics Studies **115**, Princeton University Press, 1987.

［11］L. H. Kauffman : *Knots and Physics*, World Scientific, 1991.

［2］,［5］は結び目に関する入門書である．結び目そのものについては，あまりふれる余裕がなかったので，あわせて読まれることをお勧めする．第 9 話で話題にしたザイフェルト行列，コンウェイ多項式などについてさらに学ばれたい方は,［2］をご覧いただきたい.［7］は図が豊富にあり，3 次元多様体との関連，とくにデーン手術などがわかりやすく直観的に述べられている.［1］は，結び目理論に関する古典的名著である．新しいものとしては,［3］,［8］,［10］などがある.［3］は本格的な研究書であるが，予備知識なしで読める部分も多い.［8］は ［7］と比べると扱いがやや代数的である．内容の豊かな本である.［10］はこの本にもしばしば登場するカウフマンによる楽しく読める本である．結び目理論

と数理物理との関連を強調したものとしては,［9］,［11］などがある.［9］は,いわゆるジョーンズ-ウィッテン理論に関するアイデアが幾何学の観点から鮮明に述べられている. 量子化, 共形場理論などに関する解説がある. 本書の第4話から第8話にかけての話題のいくつかは,［11］でも扱われている. 本書に引き続き詳しく学ばれたい方にお勧めしたい. 組みひも群については,［6］が標準的である.［4］では, 組みひも理論の誕生から始めて, 3次元トポロジーの困難さがポアンカレ予想に集約されていく様が, 歴史的なエピソードも交えて, 興味深く述べられている.

第5話で取り上げたヤン-バクスター方程式, 統計力学モデルとの関連については,

［12］神保道夫著,『量子群とヤン・バクスター方程式』,（シュプリンガー現代数学シリーズ）, 丸善出版, 2012

をあげておこう.

本書のその他のテーマと関連した書物として次のようなものがある.

［13］モンテシノース著, 前田 亨訳『モザイクと3次元多様体』, シュプリンガー・フェアラーク東京, 1992.

［14］中岡 稔著,『双曲幾何学入門』, サイエンス社, 1993.

［15］フランシス著, 笠原晧司監訳, 宮崎興二訳『トポロジーの絵本』,（シュプリンガー数学リーディングス）, 丸善出版, 2012.

［16］加藤十吉著,『位相幾何学』, 裳華房, 1988.

［17］H. S. M. Coxeter, *Regular complex polytopes*, Cambridge University Press, 1974.

［18］ヒルベルト, コーン・フォッセン著, 芹沢正三訳『直観幾何学』, みすず書房, 1966.

［19］志賀浩二著,『群論への30講』, 朝倉書店, 1989.

［20］ワイル著, 遠山 啓訳,『シンメトリー』紀伊國屋書店, 1970.

［21］伏見康治, 安野光雅, 中村義作著,『美の幾何学』, 中公新書554, 1979.

本書で扱ったテーマのいくつかは,［15］に見事な図で描かれている. あわせてご覧になるとおもしろいであろう. ホモロジー, 基本群, 被覆空間などあえて表

面に出さずに述べたが，本格的に学ばれたい読者は［16］などを読まれたい．この本には，軌道体に関する記述がある．第 11 話でふれた双曲幾何学，球面幾何学については，［13］，［14］にわかりやすい解説がある．［13］では第 7 話で取り上げた 4 元数と回転，第 11 話で話題にした球面のタイルばりの自然な発展として，3 次元球面の軌道空間として得られる 3 次元多様体についても述べられている．タイルばり，多面体群については，［17］，［18］，［19］も参照されたい．［20］は，対称性を表す群の立場から数学，自然科学を見渡したワイル晩年の名著である．タイルばり，連続模様について［21］に興味深い記述がある．平面の 17 通りの結晶群についてもわかりやすく述べられている．

第 11 話で少しふれた超幾何微分方程式に興味をもたれた方は［22］，［23］を参照されたい．［24］は，微分方程式のガロア理論という観点からフックス型微分方程式のモノドロミー群を扱った魅力ある書物である．

［22］福原満洲雄著，『常微分方程式』，岩波全書 116，第二版，1980.

［23］M. Yoshida, *Fuchsian differential equations*, Vieweg, 1987.

［24］久賀道郎著，『ガロアの夢』，日本評論社，1968.

第 11 話で，球面 3 角形の面積とオイラー数についてふれた．これは，曲面に関するガウス-ボンネの定理の片鱗である．詳しくは，

［25］長野 正著，『曲面の数学』，培風館，1968

などを読まれることをお勧めする．

第 7 話で，回転群の 2 価性について述べたが，スピノールが量子力学に登場してくる物理的な背景を述べた本として

［26］朝永振一郎著，『スピンはめぐる』，自然選書，中央公論社，1974

がある．また，

［27］ガードナー著，坪井忠二，藤井昭彦，小島 弘訳，『自然界における左と右』，紀伊國屋書店，新版，1992

は，鏡では左右は逆になるのになぜ上下は逆にならないのかという問題から始めて，第 4 話でも扱ったカイラリティを自然科学の中で幅広く取り上げている．

結び目理論について，さらに深く学ぶための書物をいくつかあげておく．

[28] 村杉邦夫著,『結び目理論とその応用』, 日本評論社, 1993 年.

[29] 大槻知忠著,『結び目の不変量』, 共立出版, 2015 年.

[30] 河内明夫著,『結び目の理論』, 共立出版, 2015 年.

● 論文リスト

[AW] Y. Akutsu and M. Wadati, Knot invariants and critical statistical systems, *J. Phys. Soc. Japan* **56** (1987), 839–842.

[A1] J. W. Alexander, A lemma on systems of knotted curves, *Proc. Nat. Acad. Sci.* **9** (1923), 93–95.

[A2] J. W. Alexander, Topological invariants of knots and links, *Trans. Amer. Math. Soc.* **20** (1923), 275–306.

[Ar] E. Artin, Theorie der Zopfe, *Hamburg Abh.* **4** (1925), 47–72.

[BL] J. S. Birman and X-S. Lin, Knot polynomials and Vassiliev's invariants, *Invent. Math.* **111** (1993), 225–270.

[DM] P. Deligne and G. D. Mostow, Monodromy of hypergeometric functions and non-lattice integral monodromy, *Publ. Math. IHES* **63** (1986), 5–106.

[G] F. Garside, The braid groups and other groups, *Quart. J. Math. Oxford* **20** (1969), 235–254.

[J1] V. F. R. Jones, A polynomial invariant for links via von Neumann algebras, *Bull. Amer. Math. Soc.* **129** (1985), 103–112.

[J2] V. F. R. Jones, Hecke algebra representations of braid groups and link polynomials, *Ann. of Math.* **126** (1987), 335–388.

[J3] V. F. R. Jones, On knot invariants related to some statistical mechanics models, *Pacific J. Math.* **137-2** (1989), 311–334.

[J4] V. F. R. Jones, *Subfactors and knots*, Regional Conference Series in Mathematics **80**, Amer. Math. Soc., 1991.

[K] L. H. Kauffman, State models and the Jones polynomial, *Topology* **26** (1987), 395–407.

[Ko] T. Kohno, Topological invariants for 3-manifolds using representations of mapping class groups I, *Topology* **31** (1992), 203–230.

[M] W. Magnus, *Noneuclidean tesselation and thier groups*, Academic Press, 1974.

[Mi] J. Milnor, *Singular points of complex hypersurfaces*, Annals of Mathematics Studies **61**, Princeton University Press, 1968.

[Mu] K. Murasugi, Jones polynomials and classical conjectures in knot theory, *Topology* **26** (1987), 187–194.

[N] M. H. A. Newman, On a string problem of Dirac, *J. London Math. Soc.* **17** (1942), 173–177.

[RT] N. Y. Reshetikhin and V. G. Turaev, Invariants of 3-manifolds via link polynomials and quantum groups, *Invent. Math.* **103** (1991), 547–597.

[Su] D. W. Sumners, Untangling DNA, *Math. Intelligencer* **12-3** (1990).

[TK] A. Tsuchiya and Y. Kanie, Vertex operators in conformal field theory on $\boldsymbol{P}^1$ and monodromy representations of braid groups, *Advanced Studies in Pure Mathematics* **16** (1988), 297–372.

[T] V. G. Turaev, The Yang–Baxter equation and invariants of links, *Invent. Math.* **92** (1988), 527–553.

[V] V. A. Vassiliev, *Complements of discriminants of smooth maps: Topology and applications*, Translations of Mathematical Monographs **98**, Amer. Math. Soc. 1991.

[W] E. Witten, Quantum field theory and the Jones polynomial, *Comm. Math. Phys.* **121** (1989), 351–399.

[Y] S. Yamada, The minimal number of Seifert circles equals the braid index of a link, *Invent. Math.* **89** (1987), 346–356.

組みひも群は，論文［Ar］で定式化された．本書で登場した，アレクサンダーの定理，アレクサンダー多項式は，論文［A1］，［A2］に初めて現れた．第 3 話で紹介した山田修司氏の構成は，論文［Y］によっている．

この本の主なテーマのひとつであるジョーンズ多項式が定義された論文が［J1］である．その直後に数人の数学者によって2変数に拡張されたが，これに関しては,［J2］で詳しく述べられている．論文［AW］,［J3］,［T］などは，統計力学モデル，ヤン-バクスター方程式の立場から，リンクの不変量を論じたものである．本書で紹介したカウフマンのステート模型は，論文［K］によっている．ジョーンズ多項式の結び目理論への応用については,［Mu］などを見られたい．また，最近の発展についてはカウフマンの本［11］に豊富な文献表がある．結び目理論全般の文献については,［3］,［8］の文献表を見られたい．

第6話で取り上げたディラックの問題についてのニューマンの結果は論文［N］によっている．また，本書ではふれられなかったが,［G］は組みひも群の語の問題に関する論文である．第11話のガウス-シュバルツ理論については,［DM］などを参照されたい．また，タイルばりに関して［M］をあげておく．特異点と結び目理論については，ミルナーの本［Mi］がある．結び目全体の空間のトポロジーを考えるという立場から，特異点理論の手法を用いた新しい発展も注目されている．これに関しては,［V］,［BL］を見られたい．ジョーンズ多項式を場の量子論の立場でとらえた論文が［W］である．ここでウィッテンによって提唱された3次元多様体の位相不変量に関する代数的な記述が［RT］,［Ko］でなされている．［TK］では，共形場理論における組みひも群のモノドロミー表現が，超幾何微分方程式の立場で論じられている．作用素環論との関連については,［J4］を見られたい．結び目理論の分子生物学への応用を論じたものに［Su］がある．

そのほかにも，あげるべき論文は多数あるが，文献は最小限にとどめた．さらに，論文リストにあげた論文の文献表なども参照されたい．

索引

●ア行

●カ行

●サ行

●タ行

●ナ行

●ハ行

●主な表と図の一覧

人名索引

河野俊丈（こうの・としたけ）

略歴

1979年　東京大学理学部数学科卒業.

1981年　東京大学大学院理学系研究科修士課程修了.

1981年　名古屋大学理学部助手.

　　　　九州大学理学部助教授などを経て

1995年　東京大学大学院数理科学研究科教授.

2020年　明治大学総合数理学部教授，理学博士．専門は，位相幾何学，数理物理.

主な著書に，『曲面の幾何構造とモジュライ』（日本評論社），『場の理論とトポロジー』（岩波書店），『反復積分の幾何学』（シュプリンガー現代数学シリーズ），『結晶群』（共立出版），『曲率とトポロジー──曲面の幾何から宇宙のかたちへ』（東京大学出版会）がある.

組みひもの数理［新装版］

2022年1月25日 新装版第1刷発行

著　者 ──────── 河野俊丈

発行所 ──────── 株式会社　日本評論社

〒170-8474　東京都豊島区南大塚3-12-4

電話（03）3987-8621［販売］

（03）3987-8599［編集］

印　刷 ──────── 藤原印刷

製　本 ──────── 松岳社

カバー＋本文デザイン ── 山田信也（ヤマダデザイン室）

ISBN978-4-535- 78948-7